Esaie Adjeffa Gamma

La lubrification à l'aide de fluide ferromagnétique

Esaie Adjeffa Gamma

La lubrification à l'aide de fluide ferromagnétique

Mise en évidence de l'intérêt des fluides ferromagnétiques

Éditions universitaires européennes

Impressum / Mentions légales
Bibliografische Information der Deutschen Nationalbibliothek: Die Deutsche Nationalbibliothek verzeichnet diese Publikation in der Deutschen Nationalbibliografie; detaillierte bibliografische Daten sind im Internet über http://dnb.d-nb.de abrufbar.
Alle in diesem Buch genannten Marken und Produktnamen unterliegen warenzeichen-, marken- oder patentrechtlichem Schutz bzw. sind Warenzeichen oder eingetragene Warenzeichen der jeweiligen Inhaber. Die Wiedergabe von Marken, Produktnamen, Gebrauchsnamen, Handelsnamen, Warenbezeichnungen u.s.w. in diesem Werk berechtigt auch ohne besondere Kennzeichnung nicht zu der Annahme, dass solche Namen im Sinne der Warenzeichen- und Markenschutzgesetzgebung als frei zu betrachten wären und daher von jedermann benutzt werden dürften.

Information bibliographique publiée par la Deutsche Nationalbibliothek: La Deutsche Nationalbibliothek inscrit cette publication à la Deutsche Nationalbibliografie; des données bibliographiques détaillées sont disponibles sur internet à l'adresse http://dnb.d-nb.de.
Toutes marques et noms de produits mentionnés dans ce livre demeurent sous la protection des marques, des marques déposées et des brevets, et sont des marques ou des marques déposées de leurs détenteurs respectifs. L'utilisation des marques, noms de produits, noms communs, noms commerciaux, descriptions de produits, etc, même sans qu'ils soient mentionnés de façon particulière dans ce livre ne signifie en aucune façon que ces noms peuvent être utilisés sans restriction à l'égard de la législation pour la protection des marques et des marques déposées et pourraient donc être utilisés par quiconque.

Coverbild / Photo de couverture: www.ingimage.com

Verlag / Editeur:
Éditions universitaires européennes
ist ein Imprint der / est une marque déposée de
OmniScriptum GmbH & Co. KG
Heinrich-Böcking-Str. 6-8, 66121 Saarbrücken, Deutschland / Allemagne
Email: info@editions-ue.com

Herstellung: siehe letzte Seite /
Impression: voir la dernière page
ISBN: 978-3-8416-6100-5

Dédicace

A mon oncle Paternel DOKBLAMA Kadah.

Remerciements

Cette étude a été réalisée grâce aux bonnes volontés qui ont bien voulu me faire confiance et me donner les moyens nécessaires pour la mener à bien. Je voudrais bien en retour témoigner ma gratitude envers elles.

Je remercie les responsables de L'IUSTA (Institut Universitaire des Sciences et Techniques d'Abe-ché) pour avoir tenu jusqu'au bout, malgré les difficultés quotidiennes. A l'IUPM (Institut Universitaire Polytechnique de Mongo), je voudrais exprimer ma reconnaissance pour m'avoir donné cette opportunité.

Au corps professoral, je tiens à lui adresser ma profonde gratitude. Venus de différents horizons, à des périodes parfois difficiles, les enseignants ont donné le meilleur d'eux pour faire de nous des hommes capables d'apporter leur contribution dans le domaine scientifique.

A mon encadreur M. Benyebka BOU-SAID, je voudrais lui dire merci pour sa disponibilité, ses précieux conseils et surtout la qualité de l'encadrement. Grâce à lui j'ai appris à travailler autrement et mieux.

Je remercie sincèrement le personnel de l'INSA (Institut National des Sciences Appliquées), et du LaMCoS en particulier pour leurs conseils pendant mon séjours à Lyon. Je mentionnerais Jean-Yves Champagnes, Sophie De Oliveirea, Michel Querry, Nacer Hamzaoui, Valerie Lebey...pour leurs apports combien déterminants.

A ma famille, je voudrais lui dire que je suis fier de ce qu'elle a fait pour moi. Je dis merci à ma maman Tawi Matane, à Doudou Noelle qui ont été toujours là pour moi. Je n'oublie pas mes cousins Boytchona Baideou Aaron, Soukassia Falonne,... Que ce travail reflète l'amour et le soutien que j'ai reçus. Je ne manquerai de citer ma fiancée Maïmouna Ngosassou pour sa patience, son amour qui, sans cesse, m'ont inspirés.

Enfin, à mes chers collègues et amis que chacun retrouve dans ce travail sa contribution. A Fulbert Mabilassem et Yves Adoum Daniel, je suis entièrement reconnaissant pour leurs accueil et soutien pendant mon séjours à Lyon.Je ne saurais terminer cet écrit sans dire un mot à mes amis d'enfance Djoblona Josué, Marino Kolkolé Alain, Atchenemou Azoudoum Samuel.

Table des matières

Préface   ii

Remerciements   iii

NOTATIONS   vii

INTRODUCTION GÉNÉRALE   1

1 Chapitre 1 :ÉTUDES BIBLIOGRAPHIQUES   2
   1   Généralité sur la lubrification 2
      1.1   Rôle de la lubrification 2
      1.2   Différents Régimes de lubrification 3
      1.3   Fluides utilisés en lubrification. 4
            1.3.1   huiles minérales 4
            1.3.2   huiles synthétiques 5
            1.3.3   huiles organiques 5
   2   Lois de comportement des Fluides lubrifiants 5
      2.1   Viscosité 5
      2.2   Rhéologie des lubrifiants 5
   3   Études bibliographiques sur la lubrification avec des fluides ferromagnétiques . . . 6

2 Chapitre 2 : Étude de blochet lubrifié sous fluide ferromagnétique et sous fluide newtonien   **10**
   1   MISE EN ÉQUATION 11
      1.1   formulation 11
      1.2   Conditions aux limites des vitesses 12
      1.3   Discrétisation de l'équation de Reynolds modifiée 12
            1.3.1   Cas newtonien 12
            1.3.2   Cas des fluides ferromagnétiques 14
   2   RÉSOLUTION DES ÉQUATIONS OBTENUES 14

    2.1   Cas du blochet de longueur infinie 15

        2.1.1   Lubrification avec Fluide newtonien 15

        2.1.2   Lubrification avec des fluides ferromagnétiques 16

    2.2   Cas du blochet de dimension finie 20

        2.2.1   Lubrification avec Fluide newtonien 20

        2.2.2   Lubrification avec des fluides ferromagnétiques 21

3 Chapitre 3 :DISCUSSIONS ET RÉSULTATS   24

    1   Blochet de longueur infinie 24

    2   Cas du blochet de dimension finie 24

CONCLUSION GENERALE   27

Bibliographie

                          28

Table des figures

1.1   régime de lubrification-courbe de stribeck   3
1.2   Lubrification limite-Mixte-film épais   4
1.3   Relation entre taux de cisaillement et la contrainte   6

2.1   Patin incliné   10
2.2   schéma de discrétisation   13
2.3   BLI : pression avec fluide newtonien   15
2.4   BLI : charge pour différentes pentes   16
2.5   BLI : force de frottement adimensionnée absolue   16
2.6   BLI :pression adimensionnée avec $H_1 = 100$ A/m et $\bar{\mu} = 20$ 17
2.7   BLI :pression adimensionnée avec $H_1 = 100$ A/m et $\bar{\mu}$ variable   17
2.8   BLI :pression adimensionnée avec $\bar{\mu} = 20$ et H_1 variable   18
2.9   BLI :pression adimensionnée avec $\bar{\mu} = 32$ et H_1 variable   18
2.10 BLI :pression adimensionnée avec $\bar{\mu} = 40$ et H_1 variable   19
2.11 BLI :Charge adimensionnée fonction de H   19
2.12 BDF :distribution de pression sous fluide newtonien   20
2.13 BDF :Charge pour différentes pentes   20
2.14 BDF :Force de frottement adimensionnée absolue   21
2.15 BDF :distribution de pression sous ferrofluide   21
2.16 BDF :Pression adimensionnée pour $H_1 = 100$ et $\bar{\mu}$ variable   22
2.17 BDF :Pression adimensionnée pour $\bar{\mu} = 20$ et H_1 variable   22
2.18 BDF :Pression adimensionnée pour $\bar{\mu} = 32$ et H_1 variable   22
2.19 BDF :Pression adimensionnée pour $\bar{\mu} = 40$ et H_1 variable   23

3.1   BLI : comparaison de charge sous differents fluides   25
3.2   comparaison de force de frottement absolue   26

NOTATIONS ET ABBREVIATIONS

BDF	:	Blochet de Dimension Finie
BLI	:	Blochet de Longueur Infinie
FM	:	Fluide Magnétique
FVM	:	Fluide Viscoélastique Magnétique
H	:	Champ magnétique extérieur
IV	:	Indice de Viscosité
U	:	Vitesse de la surface inférieure suivant (ox)
$h(x), h$	:	épaisseur du film lubrifiant (ox)
Nx	:	Nombre de discrétisation suivant (OX)
NZ	:	Nombre de discrétisation suivant (OZ)
P	:	Pression au sein du lubrifiant
$\bar{P}, Padim$	:	Pression adimensionnée au sein du lubrifiant
$|\bar{Fm}|, Fmadim$	:	Force de frottement adimensionnée absolue
$\bar{\mu}$	:	susceptibilité magnétique
μ	:	viscosité du lubrifiant
μ_0	:	Perméabilité du vide
$\bar{W}, Wadim$	:	Charge adimensionnée

Résumé/Abstract

Ce travail traite un patin incliné séparé par un film de lubrifiant d'épaisseur h(x) et la surface inférieure est animée d'une vitesse U. L'étude est faite pour un patin lubrifié par un fluide newtonien, puis par un fluide ferromagnétique. Dans les deux cas les caractéristiques des films lubrifiants sont étudiées.

Pour le lubrifiant férromagnétique, un champ magnétique induit variable est appliqué. La variation du champ magnétique se fait suivant 2 paramètres : la susceptibilité magnétique des particules férromagnétiques $\bar{\mu}$ et le champ magnétique extérieur H(x). Les différents résultats sont comparés dans le but de déterminer le cas le plus favorable permettant d'avoir de meilleurs rendements :capacité de charge plus importante et moins de perte de puissance par frottement.

Mots-clés :

Tribologie, Fluides ferrogmatiques, Lubrification hydrodynamique, Fluides non-newtonien.

Abstract

This work deals with an inclined skate separate by a lubricant film thickness $h(x)$ and the bottom surface is driven with a speed U. the consideration is made for a inclined skate lubricated by a newtonian fluid, and then by a ferrofluid. In both cases the characteristics of the lubricant films are studied.

In this study, with the ferromagnetic lubricant, a magnetic field induced variable is applied. The variation of magnetic field is made with two parameters : the magnetic susceptibility of ferromagnetic particles $\bar{\mu}$ and the external magnetic field H(x). The various results are compared in order to determine the most favorable case to have better returns : higher load capacity and less power loss by reducing friction.

keywords :

Tribology, Ferrofluids, Hydrodynamic lubrication, Non newtonian fluids

INTRODUCTION GÉNÉRALE

Aucun mécanisme industriel ne peut correctement fonctionner sans une technique de lubrification adéquate. Ce qui fait de la lubrification un outil clé, incontournable voire indispensable pour le monde industriel. Au-delà de son apparence simple et réductrice, à la base, plusieurs réflexions sont menées. A partir de ses connaissances et expériences, l'ingénieur concepteur décide quel est l'outil le mieux approprié pour une situation donnée.

L'objectif ultime de la lubrification est de réduire l'effort de frottement, de diminuer l'usure et du coup d'augmenter la durée de vie du mécanisme. Dans ce sens la lubrification, une des branches de la tribologie, n'est pas une science nouvelle. Des recherches montrent qu'il y a environ 2500 ans avant J. C., en Mésopotamie des éléments de pierres ont été retrouvés[1].

Cette science à l'instar des autres sciences évolue. Elle est passée des pierres polies à l'eau, aux huiles newtoniennes, viscoélastiques ou polymériques. Actuellement des recherches continuent à se développer dans ce domaine. Nous étudions un blochet lubrifié sous huile newtonienne à laquelle nous apportons de légères modifications pour obtenir des fluides ferromagnétiques et étudions le comportement de ces lubrifiants dans un champ magnétique. Ensuite nous mettons en évidence l'intérêt de ces lubrifiants. En effet les fluides ferromagnétiques méritent bien une attention particulière puisqu'ils ne datent pas d'aujourd'hui et leur connaissance reste encore floue malgré les intérêts possibles.

Ce travail se développe sur (3) chapitres. Le premier est consacré à un rappel bibliographique. Le troisième modélise et résout des équations obtenues dans le précédent chapitre. Pour finir, des discussions sont menés dans le dernier.

CHAPITRE 1 :ÉTUDES BIBLIOGRAPHIQUES

Introduction

Couramment utilisée dans les mécanismes industriels, la lubrification a fait objet de plusieurs études. Dans ce chapitre nous faisons un tour d'horizon sur ce qui a été fait dans ce domaine : du rôle des lubrifiants, à la bibliographie des fluides ferromagnétiques tout en passant par les fluides que nous rencontrons dès qu'il faut lubrifier et leur rhéologie.

1 Généralité sur la lubrification

1.1 Rôle de la lubrification

Les fonctions d'un lubrifiant dans une machine sont diverses. Cependant l'ensemble des ces fonctions peut se résumer dans un ou plusieurs points suivants :

- Réduire les pertes d'énergie mécanique :
- Réduire l'usure des surfaces frottantes sous toutes ses formes .
- Protéger les organes frottants contre la corrosion.
- Refroidir les machines en évacuant les calories ;
- participer à l'étanchéité des gaz aux liquides et aux contaminants solides ;
- garder propres les surfaces et les circuits ;
- Transmettre l'énergie dans les systèmes hydrauliques ;
- Absorber les chocs et réduire les bruits ;
- en substituant au frottement direct des organes, le frottement interne du lubrifiant qui est beaucoup plus faible.

2

1.2 Différents Régimes de lubrification

Après les travaux remarquables accomplis par Reynolds en 1886 et ceux de Stribeck en 1902, on définit en général 3 régimes de lubrification suivant l'ordre de grandeur du coefficient de frottement[2]. La courbe de Stribeck représente l'évolution qualitative du coefficient de frottement en fonction de l'épaisseur de film, proportionnelle au ratio $\frac{viscosit \times vitesse}{charge}$. Cette courbe montre qu'en faisant augmenter la vitesse d'entrainement du système on aboutit à différents régimes de lubrification.

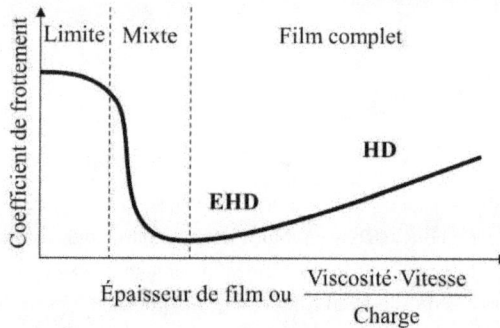

FIGURE 1.1 – régime de lubrification-courbe de stribeck

1. **Lubrification limite :** Une partie majeure de la charge à laquelle est soumis le contact est supportée par le contact direct entre les aspérités des surfaces. L'élément qui caractérise ce régime est le coefficient de frottement très élevé ;

2. **Lubrification Mixte :** La charge est supportée à la fois par le contact direct des aspérités et par le lubrifiant. Le coefficient de frottement dans ce type de régime est plus faible que celui de la lubrification limite ;

3. **Lubrification Complète ou Régime de film épais :** Les surfaces en contact sont séparées par un film complet de lubrifiant. Les coefficients de frottement sont relativement plus faibles. Le comportement du système est alors gouverné par la rhéologie du lubrifiant. Suivant l'ordre de pression a laquelle le mécanisme fonctionne, on sera dans la lubrification élastohydrodynamique (P>2 Mpa) ou la lubrification hydrodynamique (P<2Mpa).

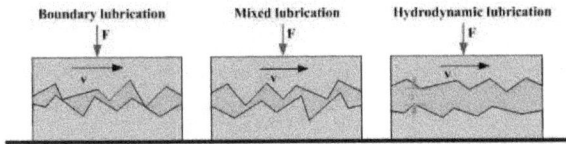

FIGURE 1.2 – Lubrification limite-Mixte-film épais
[19]

Dans ces différents régimes de lubrification, deux théories bien distinctes déterminent le frottement [3]

– *la théorie de la lubrification hydrodynamique* : elle permet d'accéder à la pression et au cisaillement du fluide ;
– *la théorie du régime limite* : qui gère la déformation des aspérités ainsi que la pression et le frottement généré par leur contact.

1.3 Fluides utilisés en lubrification.

Le lubrifiant est un matériau interposé entre deux surfaces frottantes. C'est un produit complexe. il peut être gazeux, liquide, semi-solide ou solide. De nos jours, on utilise pour la lubrification un fluide de base appelé "base de lubrifiant" auquel sont ajoutés différents additifs ou dopes suivant l'utilisation à laquelle sera destiné le produit. La "base du lubrifiant" peut être d'origine minérale,synthétique ou organique[1].

1.3.1 huiles minérales

Les bases d'origine minérale, obtenues généralement par distillation et raffinage du pétrole brut, peuvent être classées en trois (3) grandes catégories[1] : les bases à structure paraffinique, les bases à structure naphténique et celles à tendance aromatique.

Formées d'hydrocarbures saturés a chaines, les bases à structure parafinique sont très stables à l'oxydation et présentent un IV (indice de viscosité) élevé. Elles sont peu agressives vis-à-vis des élastomères mais le haut poids moléculaire de certaines chaines peut entrainer la cristallisation de l'huile dès température ambiante.
Les isoparaffiniques possèdent un IV moins élevé et ne présentent pas cet inconvénient.
Les bases naphténiques sont formées de noyaux cycliques. Leurs propriétés sont un peu l'inverse de celles des bases à structures parafiniques :moins stable à l'oxydation, IV plus faible, rela-

tivement agressives vis-à-vis des élastomères et présentent d'excellentes caractéristiques d'écoulement à basse température.

Enfin, à partir du pétrole, on peut produire aussi des huiles à tendance aromatique. De plus forte densité que les deux premières, la viscosité de cette base connait de baisse très importante sous l'effet de température.

Les huiles minérales sont en général bon marché.

1.3.2 huiles synthétiques

Les huiles synthétiques proviennent des réactions chimiques. Ces huiles possèdent une seule chaîne carbonée et des caractéristiques constantes. Elles sont plus pures et de bonne qualité du fait que leur raffinage est beaucoup plus élaboré que celui des huiles minérales conventionnelles. Elles sont plus chères sur le marché.

1.3.3 huiles organiques

D'origine animale ou végétale, elles ont des caractéristiques très variables et différentes suivant leurs compositions. Elles sont très peu utilisées en lubrification.

2 Lois de comportement des Fluides lubrifiants

Lorsqu'un fluide lubrifiant est soumis à une force extérieure, suivant sa nature, il présente, un certain types de propriétés caractéristiques. Parmi les propriétés physiques ou chimiques, qu'il peut avoir, la viscosité est de loin la plus intéressante.[1]

2.1 Viscosité

D'après la Norme Française T 60−100 de Novembre 1959 "La viscosité d'un liquide est la propriété de ce liquide, résultant de la résistance qu'opposent ses molécules à une force tendant à les déplacer par glissement dans son sein" . Cette propriété dépend essentiellement des constituants du lubrifiant et caractérise l'aptitude du fluide à faire face aux forces tendant à le cisailler.

2.2 Rhéologie des lubrifiants

Suivant que le lubrifiant soit newtonien ou non newtonien, les lois d'écoulement ne sont pas les mêmes.[17]

Pour les lubrifiants newtoniens et non newtoniens aux caractéristiques indépendantes du temps, il suffit de mesurer la relation entre le taux de déformation du lubrifiant et la contrainte à l'origine de cette déformation. Un seul point expérimental pour un lubrifiant newtonien est suffisant mais pour les lubrifiants non newtoniens toute la courbe est nécessaire.

Cependant pour les lubrifiants dépendant du temps et ceux viscoélastiques, il faut analyser la réponse temporelle du fluide à une excitation variable dans le temps.

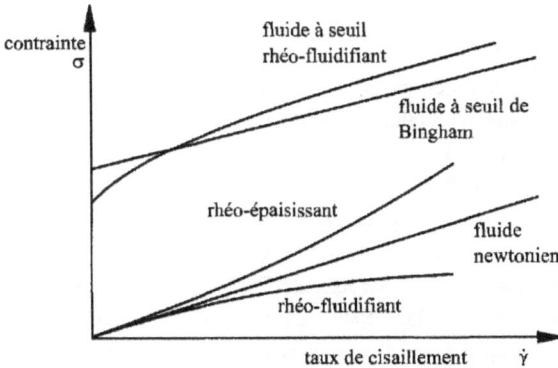

FIGURE 1.3 – Relation entre taux de cisaillement et la contrainte

Les fluides dits newtoniens sont des fluides dont la loi de contrainte est linéaire à la vitesse de déformation.

3 Études bibliographiques sur la lubrification avec des fluides ferromagnétiques

Dans cette section, il est question de recenser l'essentiel des avancées des recherches dans le domaine de lubrification à base des fluides ferromagnétiques. Elle regroupe des articles parus ou qui ont été acceptés et en cours de parution.

En 2000, Rajesh. C. Shah, M. V. Bhat[6], font l'étude de film du fluide magnétique comprimé entre disques courbés poreux et tournants. Les résultats obtenus par simulation numérique montrent que la pression et la charge croissent avec le paramètre magnétique μ^* et la courbure du disque supérieur β. La croissance est considérable dans le cas des disques concaves($\beta > 0$). Dans les résultats, on observe aussi que la capacité de la charge, quelle que soit la charge est maximale pour$-1 < \Omega_f > 0$. Avec Ω_f ratio de la vitesse de rotation du disque supérieur et celle du disque du bas. Pour le temps de réponse, il dépend des 3 paramètres :μ^* , S et Ω_f. Il augmente avec μ_1^* ou β.

En octobre 2007, Wang Li-jun et al.[5] étudient les propriétés tribologiques des fluides magnétiques $Mn - Zn - Fe$ à 6%. Les résultats de leurs expériences montrent que l'usure et le coefficient de frottement, d'un système lubrifié avec ce fluide, diminuent en présence d'un champ magnétique. L'optimal est obtenu entre 12 mT et 22 mT.

En Avril 2009, Joaquin Zueco, O. Anwar Béq[12], sous différent nombre de Hartman , Nombre de Reynolds rotationnel (R1), Nombre de Reynolds du film comprimé (R2), le nombre de Reynolds magnétique (Rem), de la vitesse de rotation relative (S) observent les vitesses axiale(f) et tangentielle(g), les composantes du champ magnétique (axiale (m), tangentiel(n)) et les couples des disques supérieur et inférieur du film du lubrifiant magnétique. Par une simulation numérique, leurs résultats montrent que le nombre de Reynolds magnétique diminue les valeurs du champ axial et tangentiel, que R1 augmente toujours f mais décroit g entre la moitié de la distance du disque du bas vers celui du supérieur et l'augmente sur l'autre moitié de la distance ; Le Reynolds du Film comprimé (R2), diminue les vitesses axiale et tangentielle et la rotation relative S décroit g et la rend négative à la $2e$ moitié de la distance supérieure si les deux disques tournent dans le sens contraire et lorsqu'il y a pas de rotation (S=0) g décroit et s'annule au disque supérieur et si S>0, alors g croit entre les 2 disques ; pour le champ magnétique, la composante axiale m, maximale au disque supérieur, diminue quand $S \neq 0$ et les fortes valeurs sont pour S=0 ; mais le champ tangentiel n croit quand S<0. Pour S>0 n décroit avant de croitre.

Dans le même mois, Cong hen et al.[13], créent une nouvelle structure de surface et déposent d'aimants permanents dans des encoches, ensuite comparent la lubrification sur la surface de départ avec le fluide porteur et ferromagnétique(FM), sur la surface modifiée sans dépôt d'aimants permanents avec du FM puis la surface modifiée avec dépôt d'aimants permanents lubrifiée avec de FM. Les observations faites montrent qu'avec le liquide porteur, sur la surface non structurée, il y a décroissance du coefficient de frottement avec l'augmentation de la vitesse. Avec le FM, sur la même surface, les coefficients de frottement sont plus faibles a faible vitesse et légèrement plus grands pour des vitesses élevées, mais toujours inférieurs a ceux de la lubrification avec le liquide porteur. Pour des spécimens avec des surfaces modifiées magnétiques lubrifiés avec de FM, sous des petites vitesses, les coefficients de frottement sont clairement réduits mais augmentent avec l'élévation de la vitesse. Cependant, quand la charge augmente, le coefficient de frottement diminue. Ils sont meilleurs que ceux avec modification sans dépôt d'aimants permanents. Le plus intéressant est qu'avec la nouvelle structure, lorsque la vitesse augmente les spécimens présentent un bon comportement même si la charge augmente.

Au cours de la même période, Hiroshi Yamaguchi et al. [14], avec un viscosimètre à plateau-conique recherchent des propriétés des fluides viscoélastiques magnétiques. L'expérience est faite sur 3 polyacrylamides de permeabilités magnétiques similaires mais de densités différentes. Les mesures effectuées indiquent que la viscosité et l'élasticité pour chacun de ces FVM augmentent lorsque la contrainte de cisaillement oscille en fréquence. L'augmentation du champ magnétique augmente la viscosité et l'élasticité des FVMs. Cependant, une augmentation des particules dans les FVMs diminue la viscosité et l'élasticité. Ils ont aussi montré que l'influence du champ magnétique sur la viscosité est plus grande que sur l'élasticité.

En novembre 2010, M.E. shimpi et G.M. Deheri[7], examinent le film lubrifiant conducteur entre deux disques tournants, rugueux, poreux, annulaires et ayant une déformation élastique. Les résultats obtenus soutiennent que l'effet des rugosités gauches et la déformation élastique qui affectent négativement le rendement est compensé avec la présence du champ magnétique. Il est absolu de tenir compte de l'écart-type des rugosités, de la déformation même si des bons paramètres magnétiques ont été choisis.

En mars 2010, Jaw-Ren Lin [8], compare les caractéristiques magnétohydrodynamiques de larges paliers- glissants coniques lubrifiés par un fluide magnétique avec ceux des larges paliers-glissants coniques lubrifiés classiquement et des paliers-glissants inclinés lubrifiés avec des fluides conducteurs dans des champs magnétiques. Son expérience montre que la charge permanente, le Module d'Elasticité et l'amortissement sont meilleurs pour les larges paliers-glissants coniques lubrifiés par un fluide conducteur, suivi de ceux des paliers-glissants inclinés lubrifiés avec des fluides conducteurs.

En juillet 2011, Jaw-Ren Lin[9], analyse les performances du film lubrifiant à partir de 3 paramètres : R, le paramètre de densité, ϕ la concentration volumique des particules, ξ le paramètre de Langevin. Ses simulations ont prouvé que la lubrification avec des fluides ferromagnétiques, faisant intervenir des forces d'inertie convectives ($R = 8$) en plus de bonnes valeurs de ϕ et de ξ, améliore de façon significative la capacité de charge et le temps de réponse.

En janvier 2012, N.B. Nduvinamani et al. [10], étudient le film lubrifiant couple contraint à l'aide de 5 variables adimensionnées : nombre de Hartmann M_0, paramètre de contrainte l^*, paramètre de perméabilité ψ, paramètre de porosité C, paramètre de glissement S. De leurs études il ressort que : la capacité de charge W augmente avec M_0, l^*, pour tous les types de rugosités. Elle augmente aussi avec C pour les rugosités tangentielles. Cependant, on note une diminution de W en fonction de H^* avec les valeurs de ψ, de K et de S quelque soit le type de rugosité. Le temps de compression du lubrifiant adimensionné T^* en fonction de h_f^* augmente avec M_0 et si les rugosités sont tangentielles, ce temps augmente aussi avec C. Il diminue sous l'effet de K et S.

En Avril 2012, Ramesh B. Kudenatti et al.[11], comparent les caractéristiques de film de lubrifiants conducteurs entre deux plaques parallèles dans un champ magnétique à ceux d'un fluide newtonien. Leurs travaux prennent en compte la rugosité (C), la contrainte de cisaillement τ. En résolvant par simulation numérique l'équation de Reynolds modifiée, ils ont observé que la distribution de pression augmente avec le nombre de Hartmann et des rugosités. Et si l'on garde ces deux paramètres constants, la distribution de pression diminue avec l'augmentation de la contrainte de cisaillement. Dans leurs recherches, ils ont aussi trouvé une valeur critique de facteur de forme α_c pour des contraintes de cisaillement τ telle que pour $\alpha < \alpha_c$ la capacité de charge augmente si τ et C augmentent ; pour $\alpha > \alpha_c$ la tendance est inversée.

Conclusion

Ce chapitre nous a permis de dégager l'importance des lubrifiants au sein des machines. Nous avons présenté l'origine générale des lubrifiants rencontrés dans le milieu industrie : minérale ou organique ; elle peut être aussi synthétique suivant les exigences particulières d'utilisation. De façon brève, nous avons aussi montré comment ils se comportent dans leur ensemble. Enfin, dans ce chapitre, quelques études déjà menées sur les fluides ferromagnétiques ont été aussi introduites.

CHAPITRE 2 : ÉTUDE DE BLOCHET LUBRIFIÉ SOUS FLUIDE FERROMAGNÉTIQUE ET SOUS FLUIDE NEWTONIEN

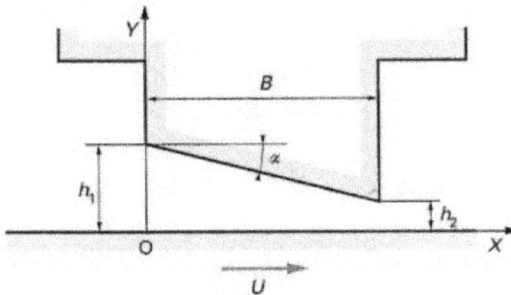

FIGURE 2.1 – Patin incliné

Longueur du palier suivant (Ox) :B
Largeur du palier suivant (Oz) :Lz

Introduction

Le modèle consiste à une circulation visqueuse, isothermique et incompressible d'un liquide ferromagnétique entre deux surfaces rectangulaires. La surface supérieure immobile est légèrement inclinée. La surface inférieure, horizontale est animée d'une vitesse U. Dans ce chapitre nous modélisons et résolvons numeriquement les équations issues de l'étude.

10

1 MISE EN ÉQUATION

1.1 formulation

l'épaisseur du film suivant (Ox) est :

$$h(x) = h_1 - (h_1 - h_2) \times \frac{x}{B} \qquad (2.1)$$

En plus de considération de la théorie de lubrification, nous supposons que les forces d'inerties, en dehors des forces de Lorenz, et les forces massiques et surfaciques sont négligeables.
L'équation de continuité est :

$$\frac{\partial \rho}{\partial t} + div(\rho V) = 0 \qquad (2.2)$$

$$\frac{\partial u}{\partial x} + \frac{\partial v}{\partial y} + \frac{\partial w}{\partial z} = 0 \qquad (2.3)$$

L'équation du mouvement des fluides conducteurs sous le champ magnétique suivant l'approche de Neuringer-Rosenweig [7] s'écrit :

$$\rho(\vec{V}\nabla)\vec{V} = -\nabla P + \mu\nabla^2\vec{V} + \mu_0(\vec{M}\nabla)\vec{H} \qquad (2.4)$$

$$\nabla \times \vec{V} = 0 \qquad (2.5)$$

$$\nabla \times \vec{H} = 0 \qquad (2.6)$$

$$M = \bar{\mu}\vec{H} \qquad (2.7)$$

L'équation 2.7 dans l'équation 2.4 donne :

$$\rho(\vec{V}\nabla)\vec{V} = -\nabla P + \mu\nabla^2\vec{V} + \frac{\mu_0\bar{\mu}}{2}\nabla H^2 \qquad (2.8)$$

avec μ la viscosité du fluide magnétique, μ_0 perméabilité du vide, $\bar{\mu}$ la susceptibilité magnétique, $\vec{M}$ le champ magnétique induit et $\vec{H}$ le champ magnétique extérieur variable. Nous obtenons les vitesses suivantes dans les fluides :

$$u = \frac{\partial}{\partial x}(P - 0.5\mu_0\bar{\mu}H^2)I + C_{x1}(x,z)J + C_{x2}(x,z) \qquad (2.9)$$

$$w = \frac{\partial}{\partial z}(P - 0.5\mu_0\bar{\mu}H^2)I + C_{z1}(x,z)J + C_{z2}(x,z) \qquad (2.10)$$

Avec :
$I = \displaystyle\int_{h_1}^{y} \frac{y}{\mu}\,\mathrm{d}y,\ J = \displaystyle\int_{h_1}^{y} \frac{1}{\mu}\,\mathrm{d}y$ et C_{x1}, C_{z1}, C_{x2} et C_{z2} des constantes d'intégration.

1.2 Conditions aux limites des vitesses

Si l'écoulement se fait avec adhésion des particules ferromagnétiques aux contacts des parois et qu'il n'ya pas de glissement :

Pour :$y = h_1$, on a : $u = U_1 = U$, $v = 0$ et $w = W_1 = 0$

Pour :$y = h_2$, on a : $u = U_2 = 0$, $v = V_2 = \frac{dh}{dt} = \frac{\partial h}{\partial t} + U_2 \frac{\partial h}{\partial t} + W_2 \frac{\partial h}{\partial t}$ et $w = W_2 = 0$

Dans le champ magnétique quasi-uniforme, le fluide ferromagnétique a une viscosité constante. ce qui permet d'obtenir l'équation de Reynolds suivante :

$$\frac{\partial}{\partial x}[h^3 \frac{\partial}{\partial x}(P - 0.5\mu_0 \bar{\mu} H^2)] + \frac{\partial}{\partial z}[h^3 \frac{\partial}{\partial z}(P - 0.5\mu_0 \bar{\mu} H^2)] = 6\mu U \frac{\partial h(x)}{\partial x} \qquad (2.11)$$

Cette équation est obtenue sous les hypothèses suivantes :

– Le milieu est continu
– Les forces de volumes sont négligeables ;
– L'écoulement reste laminaire ;
– Les forces d'inertie dans le fluide restent négligeables devant les forces de viscosités, de pressions et de Lorentz ;
– Il n'y a pas de glissement entre les fluides et les parois de contact ;
– La viscosité du fluide ne varie pas suivant l'épaisseur du contact ;
– La masse volumique du fluide reste constante ;
– L'épaisseur du fil est très petite devant la largeur et la longueur du contact, le rapport entre ces grandeurs doit être de l'ordre de 10^{-3} :hypothèse fondamentale de la lubrification hydrodynamique.

1.3 Discrétisation de l'équation de Reynolds modifiée

L'équation 2.11 est l'équation de Reynolds modifiée qui donne la distribution de la pression dans le film lubrifiant. Elle n'a pas de solution analytique. Même s'il y a des solutions approchées qui ont été proposées, elles restent toutes très complexes et des calculs très longs. Pour cela nous devons la discrétiser pour ensuite la résoudre. La discrétisation peut être faite par la méthode des différences finies, méthode des volumes finis, méthodes des éléments finis ou la méthode spectrale. Nous utiliserons la méthode de différences finies centrées.

1.3.1 Cas newtonien

De l'équation 2.11, pour obtenir l'équation de Reynolds pour un fluide newtonien, il suffit d'annuler le champ magnétique. Ce qui conduit à l'équation suivante :

$$\frac{\partial}{\partial x}[h^3 \frac{\partial P}{\partial x}] + \frac{\partial}{\partial z}[h^3 \frac{\partial P}{\partial z}] = 6\mu U \frac{\partial h(x)}{\partial x} \qquad (2.12)$$

En supposant que l'épaisseur du film est indépendante de z, l'équation 2.12 peut s'écrire :

$$\frac{\partial^2 P}{\partial x^2} + \frac{\partial^2 P}{\partial z^2} + \frac{3}{h}\frac{\partial h(x)}{\partial x}\frac{\partial P}{\partial x} = 6\frac{\mu U}{h^3(x)}\frac{\partial h(x)}{\partial x} \tag{2.13}$$

Avant de discrétiser cette équation, il nous faut faire le maillage de notre système. Ce maillage est défini par des carrés de coté Δx et Δz. Δx et Δz constituent les pas suivants x et z. Ils sont fonction de nombre de discrétisation souhaitée :
$\Delta x = k = \frac{B}{Nx}$ et $\Delta z = Lz = \frac{Lz}{Nz}$:
Nx et Nz le nombre de discrétisation suivant x et z.

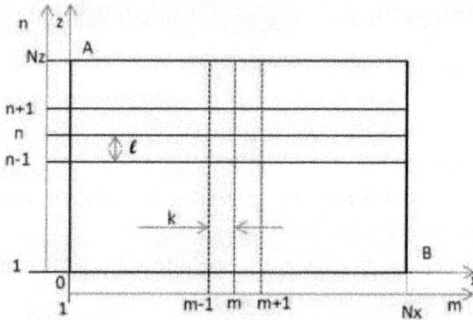

FIGURE 2.2 – schéma de discrétisation

$\frac{\partial P}{\partial x}(m,n) = \frac{P_{(m+1,n)}-P_{(m-1,n)}}{2k} + 0(\Delta x^2)$

$\frac{\partial^2 P}{\partial x^2}(m,n) = \frac{P_{(m+1,n)}-2P_{(m,n)}+P_{(m-1,n)}}{k^2} + 0(\Delta x^2)$

$\frac{\partial^2 P}{\partial z^2}(m,n) = \frac{P_{(m,n+1)}-2P_{(m,n)}+P_{(m,n-1)}}{l^2} + 0(\Delta z^2)$

En reportant ces expressions dans l'équation 2.13 on obtient :

$-4h_{(m,n)}(1+(\frac{k}{l})^2)P_{(m,n)}+(2h_{(m,n)}-3k\frac{\partial h}{\partial x})P_{(m-1,n)}+(2h_{(m,n)}+3k\frac{\partial h}{\partial x})P_{(m+1,n)}+(h(m,n)\frac{k}{l})^2(P_{(m,n+1)}+P_{(m,n-1)}) = 12k^2\frac{\mu U_1}{h^2_{(m,n)}}\frac{\partial h}{\partial x}$

La pression se met ainsi sous la forme :

$$P_{(m,n)} = A1.P_{(m-1,n)} + A2(P_{(m,n-1)} + P_{(m,n+1)}) + A3.P_{(m+1,n)} + A4 \tag{2.14}$$

Avec :

$$A1_{(m,n)} = \frac{(2h_{(m,n)} - 3k\frac{\partial h}{\partial x})}{4h_{(m,n)}(1+(\frac{k}{l})^2)} = \frac{\frac{1}{k} - \frac{3}{2h}\frac{\partial h}{\partial x}}{2k(\frac{1}{l^2} + \frac{1}{k^2})} \tag{2.15}$$

$$A2_{(m,n)} = \frac{(\frac{k}{l})^2}{2(1+(\frac{k}{l})^2)} = \frac{1}{2l^2(\frac{1}{l^2}+\frac{1}{k^2})} \tag{2.16}$$

$$A3_{(m,n)} = \frac{(2h_{(m,n)}+3k\frac{\partial h}{\partial x})}{4h_{(m,n)}(1+(\frac{k}{l})^2)} = \frac{\frac{1}{k}-\frac{3}{2h}\frac{\partial h}{\partial x}}{2k(\frac{1}{l^2}+\frac{1}{k^2})} \tag{2.17}$$

$$A4_{(m,n)} = \frac{-3k^2\mu U_1\frac{\partial h}{\partial x}}{h_{(m,n)}^3(1+(\frac{k}{l})^2)} = \frac{-3\mu U_1\frac{\partial h}{\partial x}}{h^3(\frac{1}{l^2}+\frac{1}{k^2})} \tag{2.18}$$

1.3.2 Cas des fluides ferromagnétiques

En supposant que l'épaisseur du film est indépendante de z, l'équation 2.11 peut s'écrire :

$$\frac{\partial^2(P-0.5\mu_0\bar{\mu}H^2)}{\partial x^2} + \frac{\partial^2(P-0.5\mu_0\bar{\mu}H^2)}{\partial z^2} + \frac{3}{h}\frac{\partial h(x)}{\partial x}\frac{\partial(P-0.5\mu_0\bar{\mu}H^2)}{\partial x} = 6\frac{\mu U}{h^3}\frac{\partial h(x)}{\partial x} \tag{2.19}$$

L'expression $0.5\mu_0\bar{\mu}H^2$ ne dépend que de x : $H = H_1 + (H_2 - H_1) \times \frac{x}{B}$

Nous obtenons :

$$\frac{\partial^2 P}{\partial x^2} + \frac{\partial^2 P}{\partial z^2} + \frac{3}{h}\frac{\partial h(x)}{\partial x}\frac{\partial P}{\partial x} = 6\frac{\mu U}{h^3}\frac{\partial h(x)}{\partial x} + \frac{\partial^2(0.5\mu_0\bar{\mu}H^2)}{\partial x^2} + \frac{3}{h}\frac{\partial h(x)}{\partial x}\frac{\partial(0.5\mu_0\bar{\mu}H^2)}{\partial x} \tag{2.20}$$

En utilisant le même schéma que précédemment nous obtenons :

$$-4h_{(m,n)}(1+(\tfrac{k}{l})^2)P_{(m,n)}+(2h_{(m,n)}-3k\tfrac{\partial h}{\partial x})P_{(m-1,n)}+(2h_{(m,n)}+3k\tfrac{\partial h}{\partial x})P_{(m+1,n)}+(h(m,n)\tfrac{k}{l})^2(P_{(m,n+1)}+$$
$$P_{(m,n-1)})=12\tfrac{\mu U_1}{h^2}\tfrac{\partial h}{\partial x}+2\mu_0\bar{\mu}\tfrac{(H_2-H_1)^2}{B^2}+\tfrac{12\mu_0\bar{\mu}}{h}\tfrac{\partial h}{\partial x}(H_1\tfrac{(H_2-H_1)}{B}+x\tfrac{(H_2-H_1)^2}{B^2})$$

Cette équation est aussi de la forme :

$$P_{(m,n)} = A1.P_{(m-1,n)} + A2(P_{(m,n-1)} + P_{(m,n+1)}) + A3.P_{(m+1,n)} + A5 \tag{2.21}$$

$$A1_{(m,n)} = \frac{(2h-3k\frac{\partial h}{\partial x})}{4h_{(m,n)}(1+(\frac{k}{l})^2)} = \frac{\frac{1}{k}-\frac{3}{2h}\frac{\partial h}{\partial x}}{2k(\frac{1}{l^2}+\frac{1}{k^2})}, \quad A2_{(m,n)} = \frac{(\frac{k}{l})^2}{2(1+(\frac{k}{l})^2)} = \frac{1}{2l^2(\frac{1}{l^2}+\frac{1}{k^2})}$$

$$A3_{(m,n)} = \frac{(2h_{(m,n)}+3k\frac{\partial h}{\partial x})}{4h(1+(\frac{k}{l})^2)} = \frac{\frac{1}{k}-\frac{3}{2h}\frac{\partial h}{\partial x}}{2k(\frac{1}{l^2}+\frac{1}{k^2})}$$

$$A5_{(m,n)} = -\frac{3\mu U_1\frac{\partial h}{\partial x}}{h^3(1+(\frac{k}{l})^2)} - \frac{\mu_0\bar{\mu}(H_2-H_1)^2}{2B^2h(1+(\frac{k}{l})^2)} - \frac{3\mu_0\bar{\mu}(H_1\frac{(H_2-H_1)}{B}+x\frac{(H_2-H_1)^2}{B^2})\frac{\partial h}{\partial x}}{h^2(1+(\frac{k}{l})^2)}$$

2 RÉSOLUTION DES ÉQUATIONS OBTENUES

les équations 2.14 et 2.21 nous permettent d'avoir des systèmes d'équation à nm inconnues (moins les conditions aux limites). A l'aide de la méthode itérative de Gauss-Seidel avec coefficient de sur-relaxation nous déterminons les solutions de différents cas.

2.1 Cas du blochet de longueur infinie

2.1.1 Lubrification avec Fluide newtonien

Pour appliquer cette méthode, nous allons écrire l'équation aux différences finies sous la forme :

$$P_{(m,n)}^{r+1} = (1-\Omega)P_{(m,n)}^{r} + \Omega\{A1_{(m)}P_{(m-1,n)}^{r+1} + A2_{(m)}[P_{(m,n-1)}^{r+1} + P_{(m,n+1)}^{r}] + A3_{(m)}P_{(m+1,n)}^{r} + A4_{(m)}\}$$
(2.22)

Avec :

Ω le coefficient de surrelaxation

r nombre d'itération. Carré [1] a proposé un schéma qui permet d'approcher le coefficient optimal au cours des mêmes itérations. Dans la majorité des problèmes de lubrification, ce coefficient est compris entre 1.5 et 1.85

Nous prenons $\Omega = 1.75$

Nous prenons $r = 1500$

Par simulation , nous obtenons les caractéristiques suivantes :

Pression adimensionnée $: \bar{P} = P * h_2^2/(\mu * U * B)$

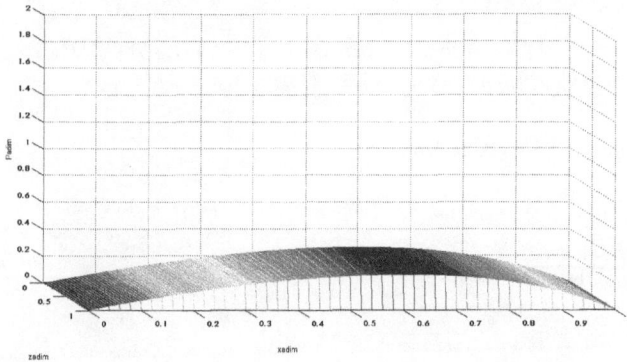

FIGURE 2.3 – Blochet de longueur infinie :distribution de pression sous fluide newtonien

Charge adimensionnée $: \bar{W} = W * h_2^2/(\mu * U_1 * B^2 * Lz)$

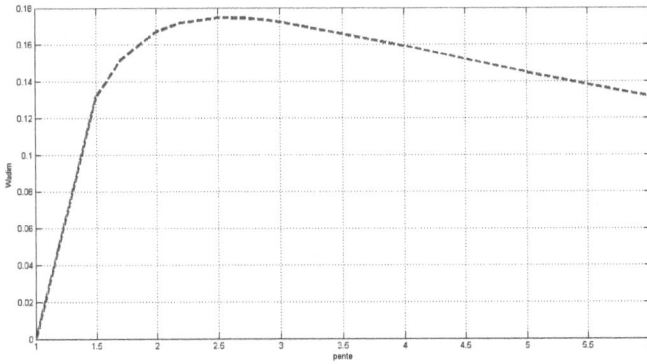

FIGURE 2.4 – Blochet de longueur infinie :Charge pour différentes pentes

Force de frottement adimensionnée absolue : $F_m = \int (\tau_{xy})_{y=0} \, \mathrm{d}s$

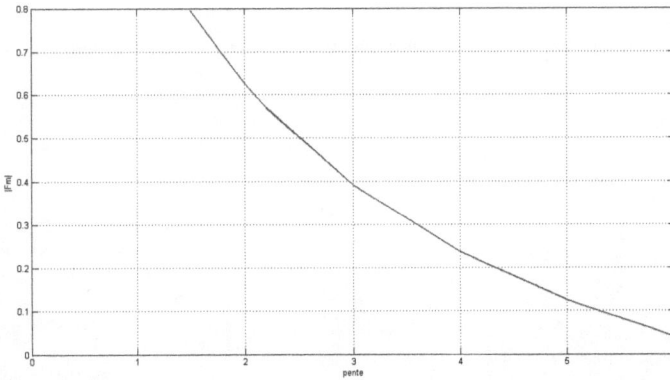

FIGURE 2.5 – Blochet de longueur infinie :Force de frottement adimensionnée absolue

2.1.2 Lubrification avec des fluides ferromagnétiques

Comme dans le cas newtonien, mettons l'équation 2.21 sous la forme :

$$P_{(m,n)}^{r+1} = (1-\Omega)P_{(m,n)}^r + \Omega\{A1_{(m)}P_{(m-1,n)}^{r+1} + A2_{(m)}[P_{(m,n-1)}^{r+1} + P_{(m,n+1)}^r] + A3_{(m)}P_{(m+1,n)}^r + A5_{(m)}\} \tag{2.23}$$

Pour résoudre cette équation sous Matlab, nous utilisons les valeurs suivantes :

$\mu_0 = 4\Pi \times 10^{-7} N/A^2$

$\bar{\mu}$ varie de 20 à 40

H_1 varie de 40 à 140 A/m

$H_2 = 0.98 H_1$

Les simulations numériques, nous donnent les caractéristiques suivantes :

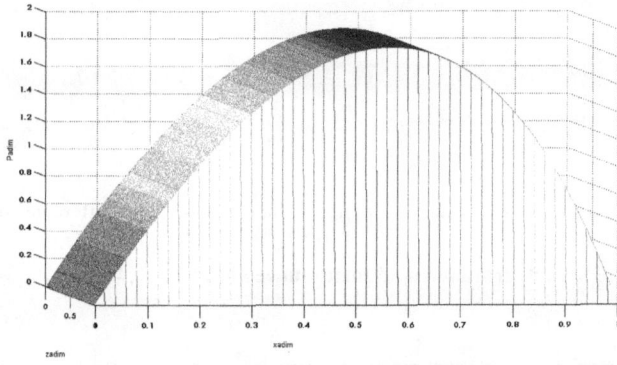

FIGURE 2.6 – Blochet de longueur infinie :Pression adimensionnée pour une H1=100 A/m et $\bar{\mu} = 20$

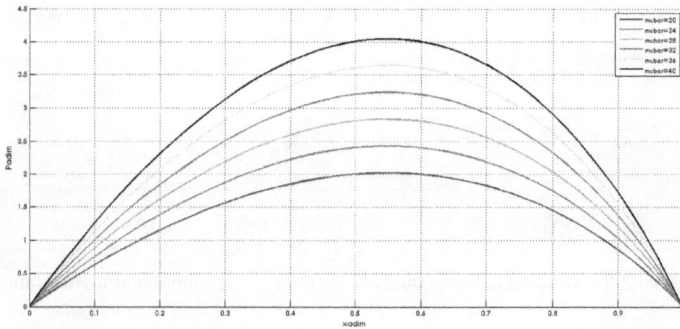

FIGURE 2.7 – Blochet de longueur infinie :Pression adimensionnée pour une H1=100 A/m et $\bar{\mu}$ variable

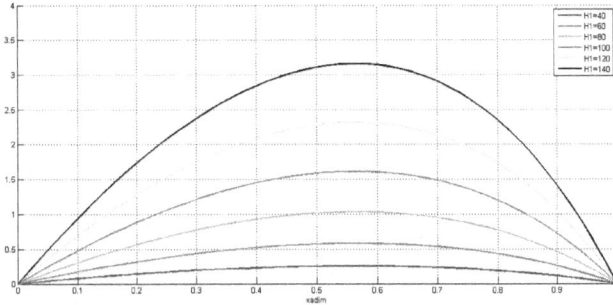

FIGURE 2.8 – Blochet de longueur infinie :Pression adimensionnée pour $\bar{\mu} = 20$ et H1 variable

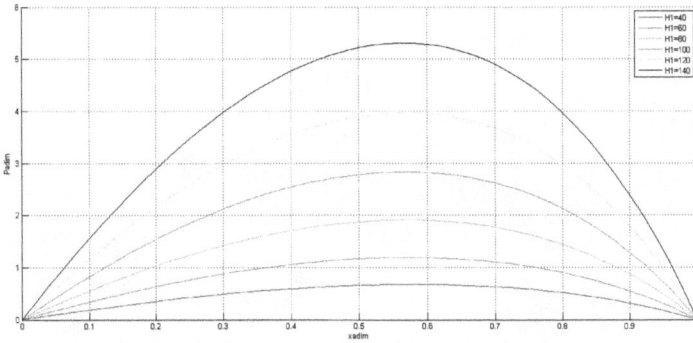

FIGURE 2.9 – Blochet de longueur infinie :Pression adimensionnée pour $\bar{\mu} = 32$ et H1 variable

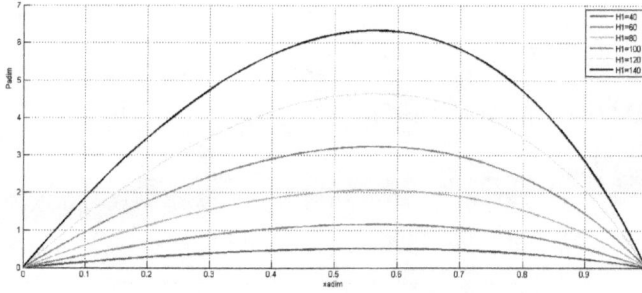

FIGURE 2.10 – Blochet de longueur infinie :Pression adimensionnée pour $\bar{\mu} = 40$ et H1 variable

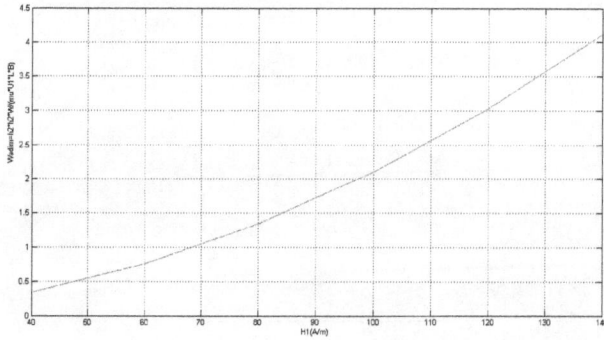

FIGURE 2.11 – Blochet de longueur infinie :Charge adimensionnée pour $\bar{\mu} = 40$ et H1 variable

2.2 Cas du blochet de dimension finie

Les dimensions utilisées pour la simulation sont :
Longueur : $B = 0.030m$
Largeur : $Lz = 0.010m$

2.2.1 Lubrification avec Fluide newtonien

Pression adimensionnée

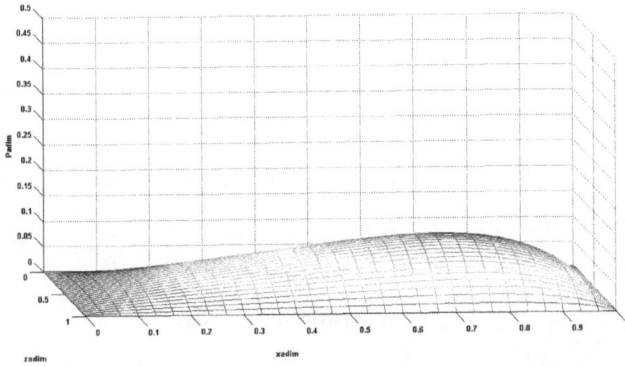

FIGURE 2.12 – Blochet de dimension finie :distribution de pression sous fluide newtonien

Charge adimensionnée

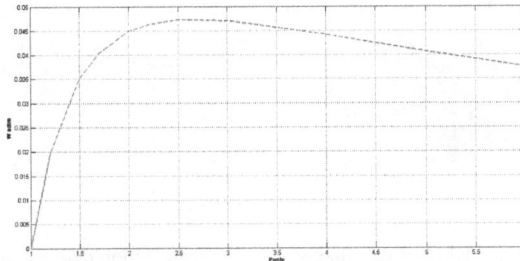

FIGURE 2.13 – Blochet de dimension finie :Charge pour différentes pentes

Force de frottement adimensionnée absolue

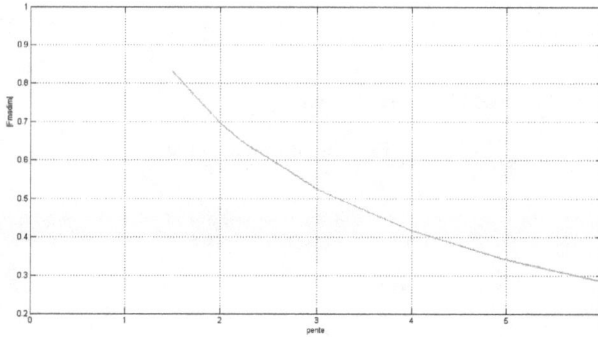

FIGURE 2.14 – Blochet de dimension finie :Force de frottement adimensionnée absolue

2.2.2 Lubrification avec des fluides ferromagnétiques

répartition de Pression

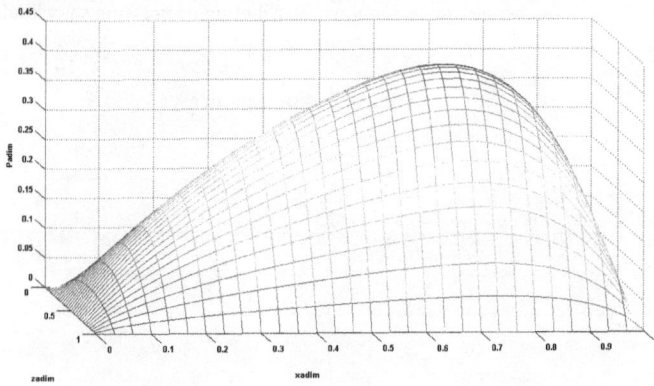

FIGURE 2.15 – Blochet de dimension finie : distribution de pression sous ferrofluide

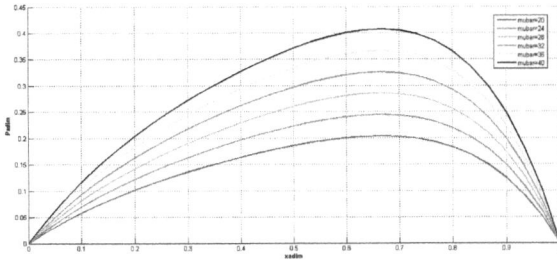

FIGURE 2.16 – Blochet de dimension finie : Pression adimensionnée pour $H_1 = 100$ et $\bar{\mu}$ variable

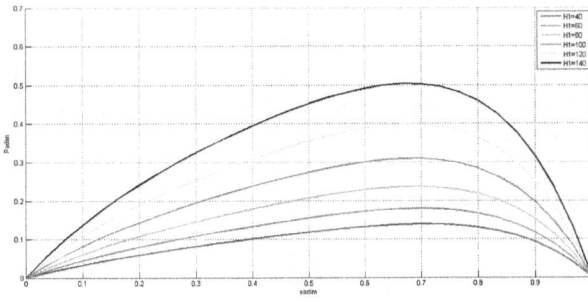

FIGURE 2.17 – Blochet de dimension finie : Pression adimensionnée pour $\bar{\mu} = 20$ et H1 variable

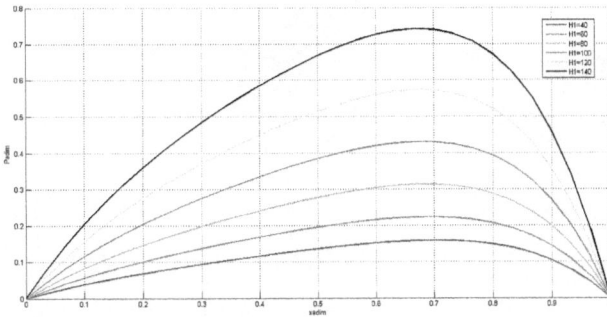

FIGURE 2.18 – Blochet de dimension : Pression adimensionnée pour $\bar{\mu} = 32$ et H1 variable

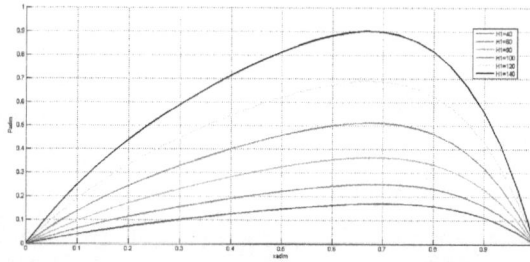

FIGURE 2.19 – Blochet de dimension : Pression adimensionnée pour $\bar{\mu} = 40$ et H1 variable

Conclusion

Ce chapitre a permis de formuler et de résoudre les équations de Reynolds modifiées à deux dimensions pour un blochet. Dans le cas newtonien ou ferromagnétique, nous avons donné les caractéristiques fondamentales en tribologie : distribution de pression, charge, débit de lubrifiant et Force de frottement. Pour le blochet sous fluide férromagnétique nous avons fait varier le champ magnétique extérieur de 40 à 140 A/m et la susceptibilité magnétique des particules de 20 à 40.

CHAPITRE 3 :DISCUSSIONS ET RÉSULTATS

La résolution de l'équation de Reynolds à été faite numériquement. Nous avons obtenu les caractéristiques du film lubrifiant. En ce qui concerne les résultats trouvés par nos prédécesseurs, il est à noter que :

1 Blochet de longueur infinie

L'étude réalisée par J. Frêne et al.[1]Montre que pour un blochet de longueur infinie sous fluide newtonien et de pente 2.2, la Pression adimensionnée maximale est de 0.25. Dans notre travail, pour la meme pente, nous obtenons la valeur de 0.26. Ce qui est en fait un résultat convergent.

Lorsque nous utilisons le fluide ferromagnétique dans un champ magnétique de seulement 2.6 mT, pour le même blochet, la pression adimensionnée passe de 0.26 à 1.87. Soit **7** fois la valeur de cette pression quand le blochet est lubrifié par un fluide newtonien. Ce qui est en accord avec les résultats de l'étude réalisée par Wan Li Jun[5] : le champ magnétique améliore les caractéristiques du film lubrifiant.

2 Cas du blochet de dimension finie

Comme dans [1], nous avons trouvé qu'avec le fluide newtonien, le blochet à longueur infinie présente une distribution de pression adimensionnée avec un maximum plus grand que celle dans le cas de dimension finie. Suivant les valeurs du champ magnétique induit nous observons plusieurs situations :

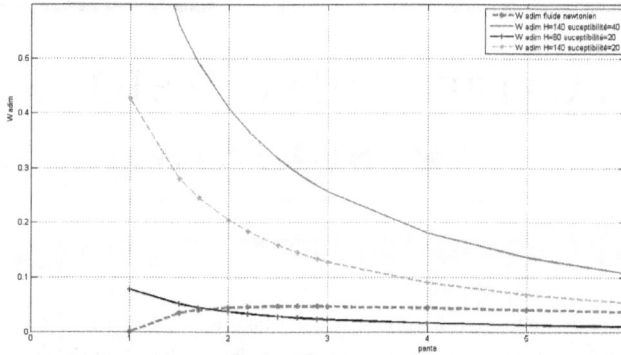

FIGURE 3.1 – comparaison de Charge avec fluide newtonien et fluide ferromagnétique avec différents champs magnétiques

TABLE 3.1 – Valeurs des capacités de charges-comparaison

Pente	Capacité de charge				Comparaison de $(\overline{W})$		
	$(\overline{W})$ Fluide newtonien	fluide ferromagnétique			$\frac{W_1}{W}$	$\frac{W_2}{W}$	$\frac{W_3}{W}$
		$(\overline{W_1})$ H1=140, $\bar{\mu}=40$ Bmax=7.2mT, Bmin=7.1mT	$(\overline{W_2})$ H1=140, $\bar{\mu}=20$ Bmax=3.7mT, Bmin=3.6mT	$(\overline{W_3})$ H1=60, $\bar{\mu}=40$ Bmax=1.6mT, Bmin=1.5mT			
1	0	0,854	0,427	0,0784			
1,5	0,0351	0,5612	0,2806	0,0515	15,9886	7,9943	1,4672
1,7	0,0405	0,4901	0,2451	0,045	12,1012	6,0519	1,1111
2	0,0449	0,4095	0,2047	0,0376	9,1203	4,5590	0,8374
2,2	0,0463	0,3677	0,1838	0,0338	7,9417	3,9698	0,0919
2,5	0,0473	0,3175	0,1587	0,0292	6,7125	3,3552	0,0920
2,7	0,0474	0,2903	0,1451	0,0267	6,1245	3,0612	0,0920
2,9	0,0472	0,2668	0,1334	0,0245	5,6525	2,8263	0,0918
3	0,0471	0,2563	0,1281	0,0235	5,4416	2,7197	0,0917
4	0,0442	0,1807	0,0903	0,0166	4,0882	2,0430	0,0919
5	0,0407	0,1364	0,0682	0,0125	3,3514	1,6757	0,0916
6	0,0374	0,1078	0,0539	0,0099	2,8824	1,4412	0,0918

La figure 3.1 montre qu'avec le fluide newtonien, nous obtenons une charge maximale pour une pente entre 2.2 et 3. Pour les fluides ferromagnétiques, la capacité de charge diminue avec la pente quelle que soit la valeur du champ magnétique extérieur.

Cela s'explique par le fait que le champ magnétique n'agit sur les particules conductrices efficacement que dans la direction (OX). Plus la pente devient importante, l'action du champ magnétique n'est plus à mesure de bien organiser les particules conductrices afin de modifier sensiblement la viscosité du fluide ferromagnétique et obtenir les mêmes performances que dans le cas de petites pentes.

En outre, si la valeur du champ extérieur est très faible, son influence tend plutôt à diminuer la capacité de charge. Mais elle est fortement améliorée en général

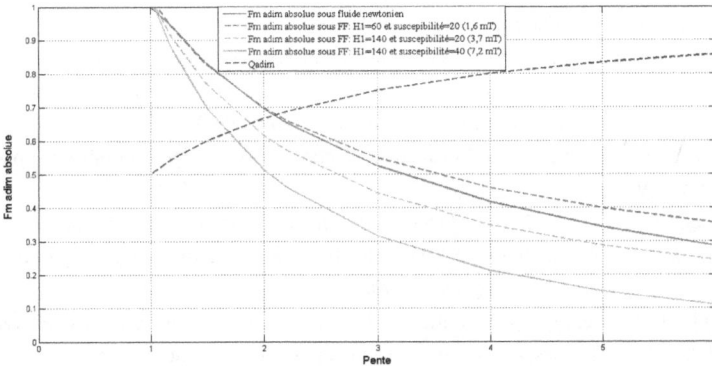

FIGURE 3.2 – comparaison de force de frottement absolue

TABLE 3.2 – comparaison :Force de frottement adimensionnée absolue

Pente	$\overline{Q}$	Force de frottement adimensionnée absolue				RAPORT		
			Ferrofluide					
		$|\overline{Fm}|$ Fluide newtonien	H1=140, $\bar{\mu}$ = 40 $|\overline{Fm}_1|$ Bmax=7.2mT, Bmin=7.1mT	H1=140, $\bar{\mu}$ = 20 $|\overline{Fm}_2|$ Bmax=3.7mT, Bmin=3.6mT	H1=60, $\overline{\mu}=40$ $|\overline{Fm}_3|$ Bmax=1.6mT, Bmin=1.5mT	$\frac{|\overline{Fm}_1|}{|\overline{Fm}|}$	$\frac{|\overline{Fm}_2|}{|\overline{Fm}|}$	$\frac{|\overline{Fm}_3|}{|\overline{Fm}|}$
1,000	0,500	1,000	1,030	1,030	1,030			
1,2	0,546	0,940	0,871	0,907	0,936	0,927	0,964	0,995
1,5	0,600	0,830	0,698	0,769	0,826	0,841	0,926	0,995
2	0,667	0,696	0,514	0,616	0,699	0,738	0,885	1,005
2,2	0,688	0,654	0,461	0,571	0,661	0,705	0,874	1,435
3	0,750	0,525	0,315	0,444	0,548	0,601	0,846	1,738
4	0,800	0,417	0,212	0,348	0,458	0,509	0,834	2,160
5	0,833	0,341	0,150	0,286	0,398	0,439	0,839	2,655
6	0,857	0,285	0,109	0,244	0,354	0,382	0,855	3,252

En ce qui concerne les frottements, la pente favorise leur diminution. La pente combinée à l'effet du champ magnétique sur les particules ferromagnétiques, donne de frottements de moins en moins importants sauf dans le cas où les champs magnétiques sont très faibles.

CONCLUSION GÉNÉRALE

Cette étude s'est intéressée à la lubrification des systèmes mécaniques en prenant le cas d'un blochet lubrifié sous fluide newtonien et sous fluide ferromagnétique.

Les résultats obtenus montrent que le blochet sous fluide ferromagnétique présente des caractéristiques particulièrement plus intéressantes que celui lubrifié sous fluide classique. Que le blochet soit de longueur infinie ou de dimension finie, ces améliorations sont importantes. Avec le blochet de dimension finie, pour des champs magnétiques induits de 3.7 mT (H1=140A/m et $\bar{\mu} = 20$) et 7.2 mT(H1=140A/m et $\bar{\mu} = 40$) la valeur de la capacité de charge est multipliée par des facteurs de 3.9 et de 7.9.

En plus de l'amélioration de la portance, le frottement est fortement réduit :avec le blochet de dimension finie cette réduction est de 12% et de 30% avec les champs magnétiques de 3.7 mT et 7.2 mT.

Ces résultats ressortent que si l'on utilisait dans les mécanismes mécaniques des fluides ferromagnétiques, en bien choisissant les valeurs de champ magnétique, nous gagnerons en puissance. Les machines obtenues seront plus performantes.

Pour ces raisons nous pensons que, cette étude mérite d'être prolongée. Nous pourrons déterminer avec précision la valeur critique du champ magnétique sur le fluide ferromagnétique et la valeur maximale du champ magnétique où le rendement demeure intéressant. Réalisée dans le cadre de Master Professionnel, nous pensons qu'en poussant davantage nos investigations, notre étude débouchera certainement sur des applications techniques courantes.

Bibliographie

[1] J. Frêne, D. Nicolas, B. Degueurce, D. Berthe, M. Godet, *Lubrification Hydrodynamique Paliers et Butées*, Collection de la Direction des études et de Recherche d'Électricité en France N°72, Eyrolles 1990.

[2] Vincent BRUYERE, *Une modélisation multi-physique et multi−phasique du contact lubrifié*[en ligne],Thèse MEGA. Lyon : INSA de Lyon, 2012, 198 p. Disponible sur http ://theses.insa-lyon.fr/publication/2012ISAL0110/these.pdf (consulté le 20.06.13)

[3] Violaine CAHOUËT,*Contribution à l'étude de la lubrification plastohydrodynamique*. Thèse MEGA. Lyon : INSA, 1997, 159p.

[4] Benyebka BOU−SAID, *La lubrification à basse pression par la méthode des élements finis application aux palliers*. Thèse de Docteur Ingénieur. Insa de Lyon. 1985. 153p

[5] Wang Li-jun, Guo Chu-wen, Yamane Ryuichiro, Wue Yue. *Tribolical properties of Mn−Zn−Fe magnetic fluids under magnetic field*. Tribol int 42(2009):792−797.

[6] Rajesh. C. Shah, M. V. Bhat,*Ferrofluid lubrication in porous inclined slider bearing with velocity slip* . Journal of Mechanical Engineering Science 44(2002) 2495−2502.

[7] M.E. shimpi, G.M. Deheri, *A study on the performance of a magnetic fluid based squeeze film in curved porous rotating rough annular plates and deformation effect*. Tribol int 47(2012):792−797

[8] Jaw-Ren Lin,*MHD steady and dynamic characteristics of wide tapered−land slider bearings* . Tribol. Int. August 2010. p2378−2383

[9] Jaw−Ren Lin, *Derivation of ferrofluid lubrication equation of cylindrical squeeze film with convective fluid inertia forces and application to circular disks*. Tribol. Int. Nov 2011.

[10] N.B. Nduvinamani, B.N. Hanumagowda, Syeda Tasnem Fathima,*Combined effects of MHD and surface Roughness on Couple−Stress squeeze Film Lubrication between Porous Circular stepped plates*. Tribol. Int. June 2012.

[11] Ramesh B. Kudenatti, D. P. Basti, N.M. Burjurke, *Numerical solution of the MHD Reynolds equation for squeeze film lubrication between two parallel surfaces*. Tribol. Int. numero 218.2012. page9372-9382.

[12] Joaquin Zueco, O. Anwar Béq,*Network numerical analysis of hydromagnetic squeeze film flow dynamics between two parallel rotating disks with induced magnetic field effects*. Tribol. Int. 43(2010)532−543.

[13] Cong hen, Wei Huang, Guoliang, Xiaolei Wang,*A novel novel texture for magnetic fluid lubrication*.surface & coating technology 204(2009) ; 433−439.

[14] Hiroshi Yamaguchi, XIAO-Dong Niu, Xiao-Jiang Ye , Mingjun Li, Yuhiro Iwamoto. *Dynamic rheological properties of viscoelastic magnetic fluids in uniform magnetic fields*. Journal of Magnetism and Magnetic Materials 324 (2012) 3238−3244.

[15] Tidestrom, *Manuel de base l'ingenieur tome 2*, Dunod. 1961. page 256−259

[16] Etienne du TREMOLET de LACHEISSERIE ,*MAGNETISME 1−Fondements* , Collection Grénoble Sciences. 2000.

[17] Etienne GUYON,Jean−Pierre HULIN, Luc PETIT, *Hydrodynamique Physique*, SAVOIRS ACTUELS, EDP Sciences/CNRS Éditions. 2001.

[18] http ://lamcos.insa-lyon.fr

[19] www.substech.com

Etude du blochet

1 formulation

Le modèle consiste à une circulation visqueuse, isothermique et incompressible d'un liquide ferromagnétique entre deux surfaces rectangulaires. La surface supérieure immobile est légèrement inclinée. La surface inférieure, horizontale est animée d'une vitesse U. l'épaisseur du film suivant (Ox) est :

$$h(x) = h_1 - (h_1 - h_2) \times \frac{x}{B} \tag{1}$$

En plus de considérations de la théorie de lubrification, nous supposons que les forces d'inerties, en dehors des forces de Lorenz, et les forces massiques et surfaciques sont négligeables. L'équation de continuité est :

$$\frac{\partial \rho}{\partial t} + div(\rho V) = 0 \tag{2}$$

$$\frac{\partial u}{\partial x} + \frac{\partial v}{\partial y} + \frac{\partial w}{\partial z} = 0 \tag{3}$$

L'équation du mouvement des fluides conducteurs sous le champ magnétique suivant l'approche de Neuringer-Rosenweig [7]s'écrit :

$$\rho(\vec{V}\nabla)\vec{V} = -\nabla P + \mu\nabla^2\vec{V} + \mu_0(\vec{M}\nabla)\vec{H} \tag{4}$$

$$\nabla \times \vec{V} = 0 \tag{5}$$

$$\nabla \times \vec{H} = 0 \tag{6}$$

$$M = \bar{\mu}\vec{H} \tag{7}$$

L'équation 7 dans l'équation 4 donne :

$$\rho(\vec{V}\nabla)\vec{V} = -\nabla P + \mu\nabla^2\vec{V} + \frac{\mu_0\bar{\mu}}{2}\nabla H^2 \tag{8}$$

avec μ la viscosité du fluide magnétique, μ_0 perméabilité du vide, $\bar{\mu}$ la susceptibilité magnétique, $\vec{M}$ le champ magnétique induit et $\vec{H}$ le champ magnétique extérieur variable.

A l'entrée du blochet le champ magnétique à une valeur H_1 qu'on fait varier linéairement pour atteindre la valeur H_2 à la sortie. $H = H_1 + (H_2 - H_1) \times \frac{x}{B}$

$$\rho(u\frac{\partial u}{\partial x} + v\frac{\partial v}{\partial y} + w\frac{\partial w}{\partial z}) = -\frac{\partial (P - 0.5\mu_0\bar{\mu}H^2)}{\partial x} + \mu(\frac{\partial^2 u}{\partial x^2} + \frac{\partial^2 u}{\partial y^2} + \frac{\partial^2 u}{\partial z^2}) \tag{9}$$

$$\rho(u\frac{\partial u}{\partial x} + v\frac{\partial v}{\partial y} + w\frac{\partial w}{\partial z}) = -\frac{\partial (P - 0.5\mu_0\bar{\mu}H^2)}{\partial y} + \mu(\frac{\partial^2 v}{\partial x^2} + \frac{\partial^2 v}{\partial y^2} + \frac{\partial^2 w}{\partial z^2}) \tag{10}$$

$$\rho(u\frac{\partial u}{\partial x} + v\frac{\partial v}{\partial y} + w\frac{\partial w}{\partial z}) = -\frac{\partial(P - 0.5\mu_0\bar{\mu}H^2)}{\partial z} + \mu(\frac{\partial^2 w}{\partial x^2} + \frac{\partial^2 w}{\partial y^2} + \frac{\partial^2 w}{\partial z^2}) \qquad (11)$$

En tenant comptes des hypothèses de lubrification de film minces, les équations 9, 10 et 11 se réduisent à :

$$\frac{\partial(P - 0.5\mu_0\bar{\mu}H^2)}{\partial x} = \mu\frac{\partial^2 u}{\partial y^2} \qquad (12)$$

$$\frac{\partial(P - 0.5\mu_0\bar{\mu}H^2)}{\partial y} = 0 \qquad (13)$$

$$\frac{\partial(P - 0.5\mu_0\bar{\mu}H^2)}{\partial z} = \mu\frac{\partial^2 w}{\partial z^2} \qquad (14)$$

L'équation de 13 montre que la pression dans le fluide conducteur ne varie pas en fonction de y. Et dans les 3 équations, on voit une augmentation de $0.5\mu_0\bar{\mu}H^2$ de la pression. $P = (x, z)$
En intégrant une fois suivant l'épaisseur du film 12 et 14, on obtient le gradient de vitesses

$$\frac{\partial u}{\partial x} = \frac{\partial}{\mu\partial x}(P - 0.5\mu_0\bar{\mu}H^2)y + \frac{1}{\mu}C_{x1}(x, z) \qquad (15)$$

$$\frac{\partial w}{\partial z} = \frac{\partial}{\mu\partial z}(P - 0.5\mu_0\bar{\mu}H^2)y + \frac{1}{\mu}C_{z1}(x, z) \qquad (16)$$

$C_{x1}(x, z)$ et $C_{z1}(x, z)$ sont des constantes d'intégrations indépendantes de y.
La seconde intégration permet de déterminer les composantes du vecteur champ de vitesses dans l'épaisseur du film fluide :

$$u = \frac{\partial}{\partial x}(P - 0.5\mu_0\bar{\mu}H^2)I + C_{x1}(x, z)J + C_{x2}(x, z) \qquad (17)$$

$$w = \frac{\partial}{\partial z}(P - 0.5\mu_0\bar{\mu}H^2)I + C_{z1}(x, z)J + C_{z2}(x, z) \qquad (18)$$

Avec :
$$I = \int_{h_1}^{y} \frac{y}{\mu}\,\mathrm{d}y$$
$$J = \int_{h_1}^{y} \frac{1}{\mu}\,\mathrm{d}y$$
Pour :
$y = h_1$ on a : $I = J = 0$;
$y = h_2$ on a : $I_2 = \int_{h_1}^{h_2} \frac{y}{\mu}\,\mathrm{d}y$ et $J_2 = \int_{h_1}^{h_2} \frac{1}{\mu}\,\mathrm{d}y$;

Pour déterminer les constantes C_{x1}, C_{z1}, C_{x2} et C_{z2} nous utilisons les conditions aux limites de champ de vitesses.

2 Conditions aux limites des vitesses

Si l'écoulement se fait avec adhésion des particules ferromagnétiques aux contact des parois et qu'il n'y a pas de glissement :

Pour :$y = h_1$, on a : $u = U_1$, $v = 0$ et $w = W_1 = 0$

Pour :$y = h_2$, on a : $u = U_2 = 0$, $v = V_2 = \frac{dh}{dt} = \frac{\partial h}{\partial t} + U_2 \frac{\partial h}{\partial t} + W_2 \frac{\partial h}{\partial t}$ et $w = W_2 = 0$

Les conditions aux limites et les équations 17 et 18, nous permettent de déterminer les constantes C_{x1}, C_{z1}, C_{x2} et C_{z2} :

$C_{x2} = U_1$ et $C_{x1} = -\frac{U_1}{J_2} - \frac{I_2}{J_2}[\frac{\partial}{\partial x}(P - 0.5\mu_0 \bar{\mu} H^2)]$

$C_{z2} = W_1 = 0$ et $C_{z1} = -\frac{I_2}{J_2}[\frac{\partial}{\partial z}(P - 0.5\mu_0 \bar{\mu} H^2)]$

L'expression des vitesses d'écoulement du fluide devient alors :

$$u = (I - \frac{I_2}{J_2}J)\frac{\partial}{\partial x}(P - 0.5\mu_0 \bar{\mu} H^2) - (\frac{J - J_2}{J_2})U_1 \tag{19}$$

$$w = (I - \frac{I_2}{J_2}J)\frac{\partial}{\partial z}(P - 0.5\mu_0 \bar{\mu} H^2) \tag{20}$$

Les expressions de gradient de vitesses :

$\frac{\partial u}{\partial y} = (\frac{J_2}{\mu} - \frac{I_2}{J_2})\frac{\partial}{\partial x}(P - 0.5\mu_0 \bar{\mu} H^2) - \frac{U_1}{J_2}$

$\frac{\partial w}{\partial y} = (\frac{J_2}{\mu} - \frac{I_2}{J_2})\frac{\partial}{\partial z}(P - 0.5\mu_0 \bar{\mu} H^2)$

L'intégration de l'équation de continuité 3 donne :

$$I_1 + I_2 + I_3 = 0 \tag{21}$$

Avec :

$$I_1 = \int_{h_1(x,z,t}^{h_2(x,z,t)} \frac{\partial u}{\partial x}\,\mathrm{d}y \tag{22}$$

$$I_2 = \int_{h_1(x,z,t}^{h_2(x,z,t)} \frac{\partial v}{\partial y}\,\mathrm{d}y = [v]_{h_1}^{h_2} = v_2 = \frac{dh}{dt} \tag{23}$$

$$I_3 = \int_{h_1(x,z,t}^{h_2(x,z,t)} \frac{\partial w}{\partial z}\,\mathrm{d}y \tag{24}$$

A l'aide du théorème de Leibnitz les calculs sont effectués pour I_1 et I_3 :

$\int_{h_1(x,y,z,t)}^{h_2(x,y,z,t)} \frac{\partial F(x,y,z,t)}{\partial x_i}\,\mathrm{d}y = \frac{\partial}{\partial x_i}\int_{h_1}^{h_2} F(x,y,z,t)\,\mathrm{d}y - F(x,h_2,z,t)\frac{\partial h_2}{\partial x_i} + F(x,h_1,z,t)\frac{\partial h_1}{\partial x_i}$

$i = 1, 2, 3$

Alors :

$$I_1 = \frac{\partial}{\partial x}\int_{h1}^{h2} u\,\mathrm{d}y + U_1\frac{\partial h_1}{\partial x} \tag{25}$$

$$I_3 = \frac{\partial}{\partial z}\int_{h1}^{h2} w\,\mathrm{d}y \tag{26}$$

Les intégrales $\int_{h1}^{h_2} u \, dy$ et $\int_{h1}^{h_2} w \, dy$ sont calculées par parties :

$$\int_{h1}^{h_2} u \, dy = -\int_{h_1}^{h_2} (y - h_1) \frac{\partial u}{\partial y} \, dy \tag{27}$$

$$\int_{h1}^{h_2} w \, dy = -\int_{h_1}^{h_2} (y - h_1) \frac{\partial w}{\partial y} \, dy \tag{28}$$

En remplaçant I_1, I_2, et I_3 par leurs valeurs dans l'équation 21 on a :

$$\frac{\partial}{\partial x} \int_{h1}^{h_2} u \, dy + U_1 \frac{\partial h_1}{\partial x} + \frac{dh}{dt} + \frac{\partial}{\partial z} \int_{h1}^{h_2} w \, dy = 0$$

$$-\frac{\partial}{\partial x} \int_{h1}^{h_2} (y - h_1) \left[(\frac{J_2}{\mu} - \frac{I_2}{J_2}) \frac{\partial}{\partial x} (P - 0.5\mu_0 \bar{\mu} H^2) - \frac{U_1}{J_2} \right] dy + U_1 \frac{\partial h_1}{\partial x} + \frac{dh}{dt} - \frac{\partial}{\partial z} \int_{h1}^{h_2} (y - h) \left[(\frac{J_2}{\mu} - \frac{I_2}{J_2}) \frac{\partial}{\partial z} (P - 0.5\mu_0 \bar{\mu} H^2) \right] dy = 0$$

$$\frac{\partial}{\partial x} [K_1 \frac{\partial}{\partial x} (P - 0.5\mu_0 \bar{\mu} H^2)] + \frac{\partial}{\partial z} [K_1 \frac{\partial}{\partial z} (P - 0.5\mu_0 \bar{\mu} H^2)] = -\frac{\partial}{\partial x} \int_{h1}^{h_2} (y - h_1) \frac{U_1}{J_2} dy + U_1 \frac{\partial h_1}{\partial x} + \frac{dh}{dt}$$

$$\frac{\partial}{\partial x} [K_1 \frac{\partial}{\partial x} (P - 0.5\mu_0 \bar{\mu} H^2)] + \frac{\partial}{\partial z} [K_1 \frac{\partial}{\partial z} (P - 0.5\mu_0 \bar{\mu} H^2)] = U_1 \frac{\partial}{\partial x} L_1 + \frac{dh}{dt}$$

Sous l'hypothèse que l'on est en régime permanent donc indépendant du temps, on obtient l'équation suivante :

$$\frac{\partial}{\partial x} [K_1 \frac{\partial}{\partial x} (P - 0.5\mu_0 \bar{\mu} H^2)] + \frac{\partial}{\partial z} [K_1 \frac{\partial}{\partial z} (P - 0.5\mu_0 \bar{\mu} H^2)] = U_1 \frac{\partial}{\partial x} L_1 \tag{29}$$

avec :
$K_1 = \int_{h_1}^{h_2} (y - h_1)(\frac{J_2}{\mu} - \frac{I_2}{J_2}) dy$
$L_1 = -\int_{h_1}^{h_2} (\frac{y - h_1}{J_2}) dy$
$I_2 = \int_{h_1}^{h_2} \frac{y}{\mu} dy$;
$J_2 = \int_{h_1}^{h_2} dy$;
Le calcul de J_2, I_2, L_1, K_1 permet d'avoir : $K_1 = \frac{h^3}{12\mu}$ et $L_1 = \frac{h}{2}$.

L'équation 1 donne l'épaisseur du film . Ce qui permet d'écrire l'équation 29 sous la forme :

$$\frac{\partial}{\partial x} [\frac{h^3(x)}{12\mu} \frac{\partial}{\partial x} (P - 0.5\mu_0 \bar{\mu} H^2)] + \frac{\partial}{\partial z} [\frac{h^3(x)}{12\mu} \frac{\partial}{\partial z} (P - 0.5\mu_0 \bar{\mu} H^2)] = \frac{U_1}{2} \frac{\partial h(x)}{\partial x} \tag{30}$$

Dans le champ magnétique quasi-uniforme, le fluide ferromagnétique a une viscosité constante. c'est qui permet de mettre l'équation 30 sous la forme :

$$\frac{\partial}{\partial x} [h^3 \frac{\partial}{\partial x} (P - 0.5\mu_0 \bar{\mu} H^2)] + \frac{\partial}{\partial z} [h^3 \frac{\partial}{\partial z} (P - 0.5\mu_0 \bar{\mu} H^2)] = 6\mu U_1 \frac{\partial h(x)}{\partial x} \tag{31}$$

3 Discrétisation de l'équation de Reynolds modifiée

3.1 cas newtonien

De l'équation 31, pour obtenir l'équation de Reynolds pour un fluide newtonien, il suffit d'annuler le champ magnétique. Ce qui conduit à l'équation suivante :

$$\frac{\partial}{\partial x}[h^3\frac{\partial P}{\partial x}] + \frac{\partial}{\partial z}[h^3\frac{\partial P}{\partial z}] = 6\mu U_1\frac{\partial h(x)}{\partial x} \tag{32}$$

En supposant que l'épaisseur du film est indépendante de z, l'équation 32 peut s'écrire :

$$\frac{\partial^2 P}{\partial x^2} + \frac{\partial^2 P}{\partial z^2} + \frac{3}{h}\frac{\partial h(x)}{\partial x}\frac{\partial P}{\partial x} = 6\frac{\mu U_1}{h^3(x)}\frac{\partial h(x)}{\partial x} \tag{33}$$

Avant de discrétiser cette équation, il nous faut faire le maillage de notre système. Ce maillage est défini par des carrés de coté Δx et Δz. Δx et Δz constituent les pas suivants x et z. Ils sont fonctions de nombre de discrétisation souhaitée :
$\Delta x = k = \frac{B}{Nx}$ et $\Delta z = l = \frac{Lz}{Nz}$:
Nx et Nz le nombre de discrétisation suivant x et z.

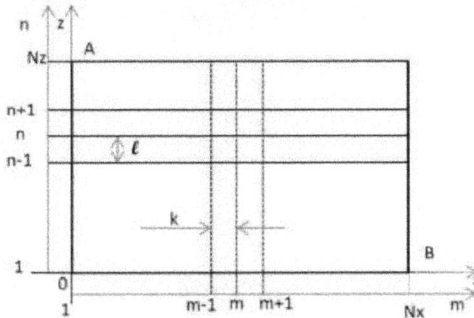

FIGURE 3 – schéma de discrétisation

$\frac{\partial P}{\partial x}(m,n) = \frac{P_{(m+1,n)}-P_{(m-1,n)}}{2k} + 0(\Delta x^2)$

$\frac{\partial^2 P}{\partial x^2}(m,n) = \frac{P_{(m+1,n)}-2P_{(m,n)}+P_{(m-1,n)}}{k^2} + 0(\Delta x^2)$

$\frac{\partial^2 P}{\partial z^2}(m,n) = \frac{P_{(m,n+1)}-2P_{(m,n)}+P_{(m,n-1)}}{l^2} + 0(\Delta z^2)$

En reportant ces expressions dans l'équation 33 on obtient :

$\frac{P_{(m+1,n)}-2P_{(m,n)}+P_{(m-1,n)}}{k^2} + \frac{P_{(m,n+1)}-2P_{(m,n)}+P_{(m,n-1)}}{l^2} + \frac{3}{h_{(m,n)}}\frac{\partial h}{\partial x}\frac{P_{(m+1,n)}-P_{(m-1,n)}}{2k} = 6\frac{\mu U_1}{h^3_{(m,n)}}\frac{\partial h}{\partial x}$

$$\frac{P_{(m+1,n)}-2P_{(m,n)}+P_{(m-1,n)}}{k^2}+\frac{P_{(m,n+1)}-2P_{(m,n)}+P_{(m,n-1)}}{l^2}+\frac{3}{2h_{(m,n)}k}\frac{\partial h}{\partial x}(P_{(m+1,n)}-P_{(m-1,n)})=6\frac{\mu U_1}{h^3_{(m,n)}}\frac{\partial h}{\partial x}$$

$$-4(1+(\tfrac{k}{l})^2)P_{(m,n)}+(2+\tfrac{3k}{h_{(m,n)}}\tfrac{\partial h}{\partial x})P_{(m+1,n)}+(2-\tfrac{3k}{h_{(m,n)}}\tfrac{\partial h}{\partial x})P_{(m-1,n)}+2(\tfrac{k}{l})^2(P_{(m,n+1)}+$$
$$P_{(m,n-1)})=12k^2\tfrac{\mu U_1}{h^3_{(m,n)}}\tfrac{\partial h}{\partial x}$$

$$-4h_{(m,n)}(1+(\tfrac{k}{l})^2)P_{(m,n)}+(2h_{(m,n)}-3k\tfrac{\partial h}{\partial x})P_{(m-1,n)}+(2h_{(m,n)}+3k\tfrac{\partial h}{\partial x})P_{(m+1,n)}+(h(m,n)\tfrac{k}{l})^2(P_{(m,n+1)}+$$
$$P_{(m,n-1)})=12k^2\tfrac{\mu U_1}{h^2_{(m,n)}}\tfrac{\partial h}{\partial x}$$

La pression se met ainsi sous la forme :

$$P_{(m,n)} = A1.P_{(m-1,n)} + A2(P_{(m,n-1)} + P_{(m,n+1)}) + A3.P_{(m+1,n)} + A4 \qquad (34)$$

Avec :

$$A1_{(m,n)} = \frac{(2h_{(m,n)} - 3k\frac{\partial h}{\partial x})}{4h_{(m,n)}(1+(\frac{k}{l})^2)} = \frac{\frac{1}{k} - \frac{3}{2h}\frac{\partial h}{\partial x}}{2k(\frac{1}{l^2}+\frac{1}{k^2})} \qquad (35)$$

$$A2_{(m,n)} = \frac{(\frac{k}{l})^2}{2(1+(\frac{k}{l})^2)} = \frac{1}{2l^2(\frac{1}{l^2}+\frac{1}{k^2})} \qquad (36)$$

$$A3_{(m,n)} = \frac{(2h_{(m,n)} + 3k\frac{\partial h}{\partial x})}{4h_{(m,n)}(1+(\frac{k}{l})^2)} = \frac{\frac{1}{k} - \frac{3}{2h}\frac{\partial h}{\partial x}}{2k(\frac{1}{l^2}+\frac{1}{k^2})} \qquad (37)$$

$$A4_{(m,n)} = \frac{-3k^2\mu U_1\frac{\partial h}{\partial x}}{h^3_{(m,n)}(1+(\frac{k}{l})^2)} = \frac{-3\mu U_1\frac{\partial h}{\partial x}}{h^3(\frac{1}{l^2}+\frac{1}{k^2})} \qquad (38)$$

L'équation 34 permet d'aboutir à un système linéaire : $[A]\{P\} = \{E\}$

Les pressions aux points caractérisant les bords du patin sont connues : elles sont nulles.

3.2 cas des fluides ferromagnétiques

En supposant que l'épaisseur du film est indépendante de z, l'équation 31 peut s'écrire :

$$\frac{\partial^2(P-0.5\mu_0\bar{\mu}H^2)}{\partial x^2}+\frac{\partial^2(P-0.5\mu_0\bar{\mu}H^2)}{\partial z^2}+\frac{3}{h}\frac{\partial h(x)}{\partial x}\frac{\partial(P-0.5\mu_0\bar{\mu}H^2)}{\partial x}=6\frac{\mu U_1}{h^3}\frac{\partial h(x)}{\partial x} \quad (39)$$

L'expression $0.5\mu_0\bar{\mu}H^2$ ne dépend que de x : $H = H_1 + (H_2 - H_1) \times \frac{x}{B}$

$$H^2 = H_1^2 + 2H_1(H_2-H_1)\frac{x}{B} + (H_2-H_1)^2\frac{x^2}{B^2} \qquad (40)$$

$$\frac{\partial H^2}{\partial x} = 2H_1\frac{(H_2-H_1)}{B} + 2x\frac{(H_2-H_1)^2}{B^2} \qquad (41)$$

$$\frac{\partial^2 H^2}{\partial x^2} = 2\frac{(H_2 - H_1)^2}{B^2} \tag{42}$$

39 devient :

$$\frac{\partial^2 P}{\partial x^2} - \frac{\partial^2 (0.5\mu_0\bar{\mu}H^2)}{\partial x^2} + \frac{\partial^2 P}{\partial z^2} + \frac{3}{h}\frac{\partial h(x)}{\partial x}\frac{\partial P}{\partial x} - \frac{3}{h}\frac{\partial h(x)}{\partial x}\frac{\partial (0.5\mu_0\bar{\mu}H^2)}{\partial x} = 6\frac{\mu U_1}{h^3}\frac{\partial h(x)}{\partial x} \tag{43}$$

$$\frac{\partial^2 P}{\partial x^2} + \frac{\partial^2 P}{\partial z^2} + \frac{3}{h}\frac{\partial h(x)}{\partial x}\frac{\partial P}{\partial x} = 6\frac{\mu U_1}{h^3}\frac{\partial h(x)}{\partial x} + \frac{\partial^2 (0.5\mu_0\bar{\mu}H^2)}{\partial x^2} + \frac{3}{h}\frac{\partial h(x)}{\partial x}\frac{\partial (0.5\mu_0\bar{\mu}H^2)}{\partial x} \tag{44}$$

En utilisant le schéma des différences finies centrés défini en figure 3, nous avons les éqations suivantes :

$$\frac{P_{(m+1,n)}-2P_{(m,n)}+P_{(m-1,n)}}{k^2} + \frac{P_{(m,n+1)}-2P_{(m,n)}+P_{(m,n-1)}}{l^2} + \frac{3}{2h_{(m,n)}k}\frac{\partial h}{\partial x}\left(P_{(m+1,n)} - P_{(m-1,n)}\right) = 6\frac{\mu U_1}{h^3}\frac{\partial h}{\partial x} + \mu_0\bar{\mu}\frac{(H_2-H_1)^2}{B^2} + \frac{6}{h}\frac{\partial h(x)}{\partial x}\mu_0\bar{\mu}(H_1\frac{(H_2-H_1)}{B} + x\frac{(H_2-H_1)^2}{B^2})$$

et par la suite

$$-4h_{(m,n)}(1+(\tfrac{k}{l})^2)P_{(m,n)}+(2h_{(m,n)}-3k\frac{\partial h}{\partial x})P_{(m-1,n)}+(2h_{(m,n)}+3k\frac{\partial h}{\partial x})P_{(m+1,n)}+(h(m,n)\tfrac{k}{l})^2(P_{(m,n+1)}+ P_{(m,n-1)}) = 12\frac{\mu U_1}{h^2}\frac{\partial h}{\partial x} + 2\mu_0\bar{\mu}\frac{(H_2-H_1)^2}{B^2} + \frac{12\mu_0\bar{\mu}}{h}\frac{\partial h}{\partial x}(H_1\frac{(H_2-H_1)}{B} + x\frac{(H_2-H_1)^2}{B^2})$$

$$P_{(m,n)} = A1.P_{(m-1,n)} + A2(P_{(m,n-1)} + P_{(m,n+1)}) + A3.P_{(m+1,n)} + A5 \tag{45}$$

$$A1_{(m,n)} = \frac{(2h-3k\frac{\partial h}{\partial x})}{4h_{(m,n)}(1+(\frac{k}{l})^2)} = \frac{\frac{1}{k}-\frac{3}{2h}\frac{\partial h}{\partial x}}{2k(\frac{1}{l^2}+\frac{1}{k^2})}$$

$$A2_{(m,n)} = \frac{(\frac{k}{l})^2}{2(1+(\frac{k}{l})^2)} = \frac{1}{2l^2(\frac{1}{l^2}+\frac{1}{k^2})}$$

$$A3_{(m,n)} = \frac{(2h_{(m,n)}+3k\frac{\partial h}{\partial x})}{4h(1+(\frac{k}{l})^2)} = \frac{\frac{1}{k}-\frac{3}{2h}\frac{\partial h}{\partial x}}{2k(\frac{1}{l^2}+\frac{1}{k^2})}$$

$$A5_{(m,n)} = -\frac{3\mu U_1\frac{\partial h}{\partial x}}{h^3(1+(\frac{k}{l})^2)} - \frac{\mu_0\bar{\mu}(H_2-H_1)^2}{2B^2h(1+(\frac{k}{l})^2)} - \frac{3\mu_0\bar{\mu}(H_1\frac{(H_2-H_1)}{B}+x\frac{(H_2-H_1)^2}{B^2})\frac{\partial h}{\partial x}}{h^2(1+(\frac{k}{l})^2)} \tag{46}$$

Organigramme du Laboratoire de Mécanique des Contacts et des Structures (LaMCoS) – UMR CNRS 5259 - Institut National des Sciences Appliquées de Lyon (INSA)

Mis à jour le 22/03/2013

Directeur : David DUREISSEIX

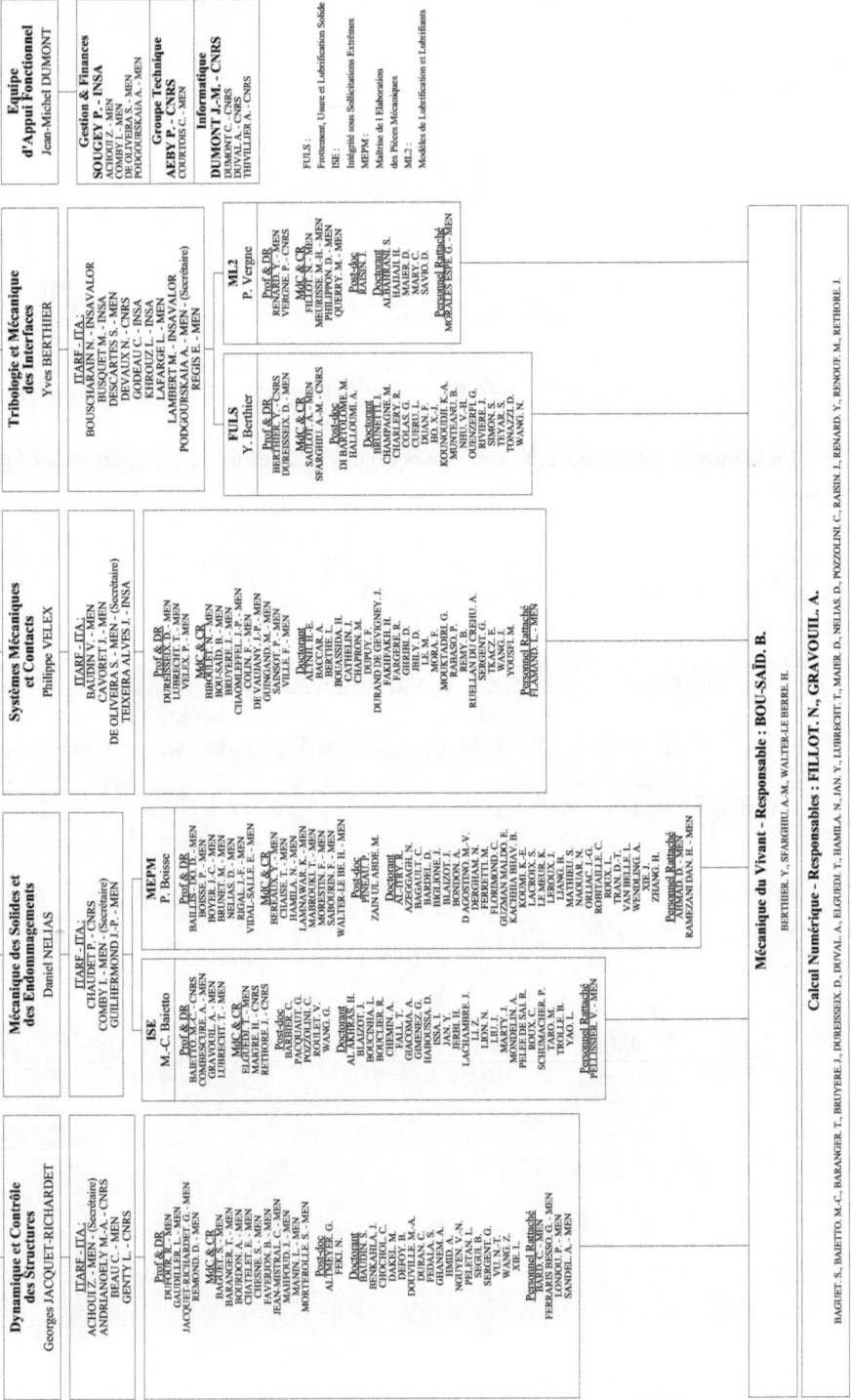

Directeur Adjoint : Daniel NELIAS
Secrétaire Laboratoire : Sophie DE OLIVEIRA

Dynamique et Contrôle des Structures
Georges JACQUET-RICHARDET

ITARF - ITA :
ACHOUIZ - MEN - (Secrétaire)
ANDRIANOELY M.-A. - CNRS
BEAU C. - MEN
GENTY L. - CNRS

Prof & DR
DUFOUR R. - MEN
GAUDILLER L. - MEN
JACQUET-RICHARDET G. - MEN
REMOND D. - MEN

MdC & CR
BAGUET S. - MEN
BARANGER T. - MEN
BOURDON A. - MEN
CHATELET E. - MEN
CHESNE S. - MEN
FAVERJON B. - MEN
JEAN-MISTRAL C. - MEN
MAHFOUD J. - MEN
MANIN L. - MEN
MORTEROLLE S. - MEN

Post-doc
ALFREYDE G.
FERU J.

Doctorant
BENKAHLA J.
CHUPIN C.
DAKEL M.
DEFOY. B.
DOUVILLE M.-A.
FEDALA S.
GHANEM A.
NGUYEN V.-N.
PELETAN L.
SEGUI B.
SERGENT G.
VU N.-T.
WANG Z.
XIE J.

Personnel Rattaché
FERRARIS BESSO G. - MEN
LESUEUR P. - MEN
SANDEL A. - MEN

Mécanique des Solides et des Endommagements
Daniel NELIAS

ITARF - ITA :
CHAUDET P. - CNRS
COMBY L. - MEN - (Secrétaire)
GUILHERMOND J.-P. - MEN

ISE
M.-C. Baietto

Prof & DR
BAIETTO M.-C. - CNRS
COMBESCURE A. - MEN
GRAVOUIL A. - MEN
LUBRECHT. T. - MEN

MdC & CR
ELGHAZAL H.
MAIGRE. H. - CNRS
RETHORE J. - CNRS

Post-doc
BARBIER J.
PAVIOT T. G.
POZZOLINI C.
ROULET V.
WANG. G.

Doctorant
AL TAHMEPH. H.
BLAZIOT I.
BOUCINHA. L.
BROUTIER. R.
CHEMIN A.
FALL. T.
GIACOMA. G.
GIMENEZ. G.
HABOUSSA. D.
ISSA. I.
JAN. V.
JERBI H.
LACHAMBRE. J.
LIU. J.
LION. N.
MARTIN. A.
MONDELIN. A.
PELEE DE SAI. R.
SCHUMACHER. P.
TARO. M.
TRIVALLE. R.
YAO. J.-L.

Personnel Rattaché
PELOSSIER. V - MEN

MEPM
P. Boisse

Prof & DR
BAILLIS DOULCE - MEN
BOISSE. P. - MEN
BOYER. J.-C. - MEN
BRUNET. M. - MEN
NELIAS. D. - MEN
RIGAL. J.-F. - MEN
VIDAL-SALLE. E. - MEN

MdC & CR
BERETTA. S. - MEN
CHAISE. T. - MEN
HAMILA. N. - MEN
LAMMARI. K. - MEN
MARCHESSE. Y. - MEN
MORESTIN. F. - MEN
SABOURIN. F. - MEN
WALTER-LE BE. H. - MEN

Post-doc
DUPUY. F.
ZAIN UL ABDE. M.

Doctorant
AI-THRY. R.
AZEHAF. I.
BAGAULT. C.
BARDEL. D.
BOUTHON. C.
BLAZIOT. I.
BONDON. A.
D AGOSTINO. M.-V.
DENGUIR. A.
FERRETTI M.
FLORIMOND C.
GUZMAN MALDO. E.
KACHHA BHAV. B.
KOUMI. K.-E.
LECROIX. S.
LE MEUR. K.
LEROUX. J.
LIANG. T.
MATHIEU. S.
NAOUAR. N.
ORLIAC J.-G.
ROUX. I.
TRAN D.-T.
VANHELLE. L.
WENDLING. A.
XIE. J.
ZHANG. H.

Personnel Rattaché
RAMEZANI DAN. H. - MEN

Systèmes Mécaniques et Contacts
Philippe VELEX

ITARF - ITA :
BAUDIN V. - MEN
CAVORET J. - MEN
DE OLIVEIRA S. - MEN - (Secrétaire)
TEIXEIRA ALVES J. - INSA

Prof & DR
DUREISSEIX. D. - MEN
LUBRECHT. T. - MEN
VELEX. P. - MEN

MdC & CR
BIBOULET. N. - MEN
BOUSSAID. B. - MEN
BRUYERE. J. - MEN
CHAOMLEFFEL. J.-P. - MEN
COLIN. F. - MEN
DEVAUILLE. P. - MEN
GUINGAND. M. - MEN
SAINSOT. P. - MEN
VILLE. F. - MEN

Post-doc
ANSTHER
BACCAR. A.
BERTHE. I.
BRUNETIERE. H.
CATHELIN. J.
CHAPRON. M.
DURAND DE GEVIGNEY. J.
FAKHFAKH. H.
FARGERE. R.
GIRBIE. D.
JBILY. D.
LE. M.
MORAIS. F.
MOUKTADIRI. G.
RABASO. P.
RUELLAN DU CREHU. A.
SERGENT. G.
TAKACZ. E.
WANG. J.
YOUSFI. M.

Personnel Rattaché
FLAMAND. L. - MEN

Tribologie et Mécanique des Interfaces
Yves BERTHIER

ITARF - ITA :
BOUSCHARAIN N. - INSAVALOR
BUSQUET M. - INSA
DESCARTES S. - MEN
DEVAUX N. - CNRS
GODEAU C. - INSA
KIROUZ I. - INSA
LAFARGE L. - INSA
LAMBERT M. - INSAVALOR
PODGOURSKAIA A. - MEN - (Secrétaire)
REGIS E. - MEN

FULS
Y. Berthier

Prof & DR
BERTHIER. Y. - CNRS
DURESSEIX. D. - MEN

MdC & CR
SAOUD. A. - MEN
SFARGHIU. A.-M. - CNRS

Post-doc
DI BARTOLOMEO. M.
BALLOUME. A.
CHAMPAGNE. M.
CHOLLET. R.
COLLAS. F.
CUERU. I.
DUAN. F.
IRN. J.
KOUNOUDH. K.-A.
MUNTEANU. B.
NHU. V.-H.
OGENZERFI. G.
RIVIERE. J.
SIMON. V.-E.
TEYAR. S.
TONAZZI. D.
WANG. N.

ML2
P. Vergne

Prof & DR
RENARD. Y. - MEN
VERGNE. P. - CNRS

MdC & CR
FILLOT. N. - MEN
MEURISSE. M.-H. - MEN
PHILIPPON. D. - MEN
QUERRY. M. - MEN

Post-doc
ALBAHRANI s.
HAJJAM. H.
MAHE. D.
MARY. C.
SAVIO. D.

Personnel Rattaché
MORALES ESPE. G. - MEN

Équipe d'Appui Fonctionnel
Jean-Michel DUMONT

Gestion & Finances
SOUGEY P. - INSA
ACHOUIZ. - MEN
COMBY. - MEN
DE OLIVERA S. - MEN
PODGOURSKAIA A. - MEN

Groupe Technique
AEBY P. - CNRS
COURTOIS C. - MEN

Informatique
DUMONT J.-M. - CNRS
DUMONT C. - CNRS
DUVAL A. - CNRS
THIVILLIER A. - CNRS

FULS :
Frottement, Usure et Lubrification Solide

ISE :
Intégrité sous Sollicitations Solide

MEPM :
Maîtrise de l Elaboration
des Pièces Mécaniques

ML2 :
Modèles de Lubrification et Lubrifiants

Mécanique du Vivant - Responsable : BOU-SAÏD. B.

BERTHIER. Y., SFARGHIU. A.-M., WALTER-LE BERRE. H.

Calcul Numérique - Responsables : FILLOT. N., GRAVOUIL. A.

BAGUET. S., BAIETTO. M.-C., BARANGER. T., BRUYERE. J., DUREISSEIX. D., DUVAL. A., ELGUEDJ. T., HAMILA. N., JAN. Y., LUBRECHT. T., MAIER. D., NELIAS. D., POZZOLINI. C., RAISIN. I., RENARD. Y., RENOUF. M., RETHORE. J.

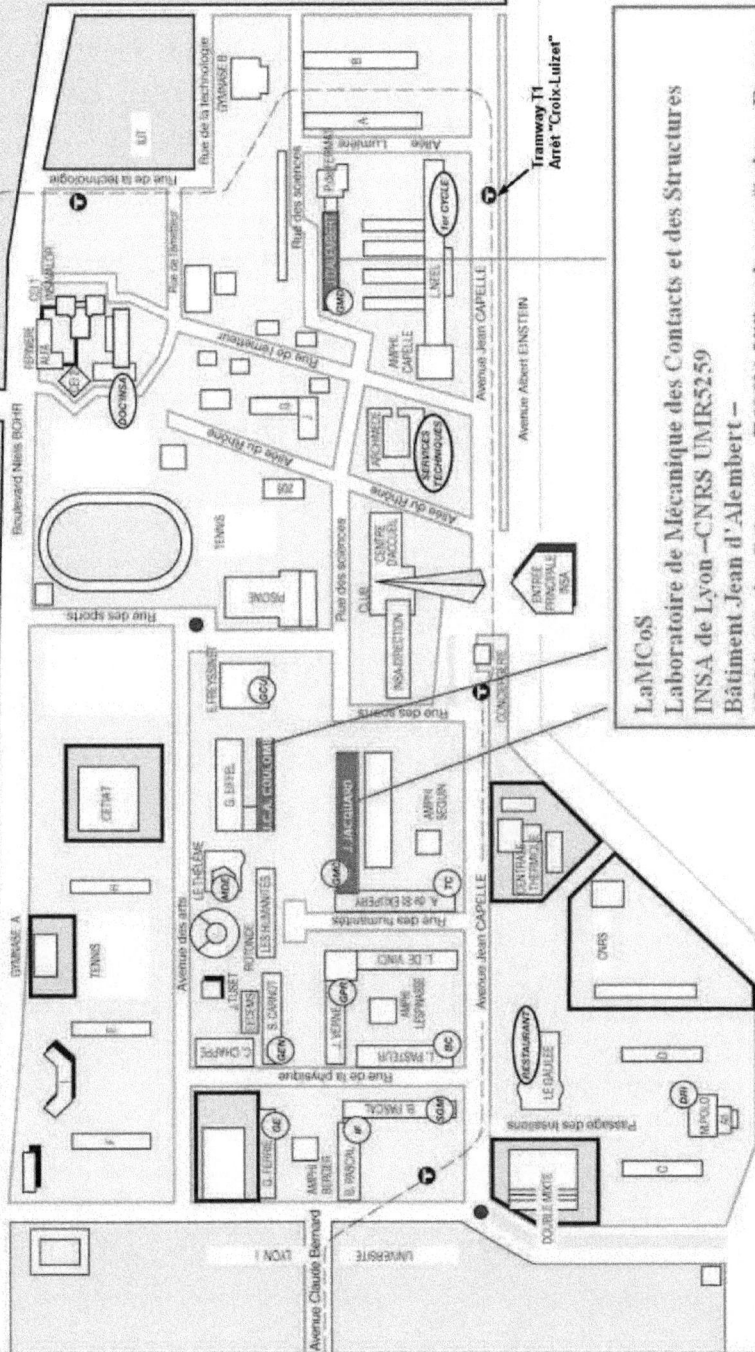

LaMCoS
Laboratoire de Mécanique des Contacts et des Structures
INSA de Lyon –CNRS UMR5259
Bâtiment Jean d'Alembert –
18-20, rue des Sciences – F69621 Villeurbanne Cedex – France
Tel : 33 (0)4 72 43 84 52 – Fax : 33 (0)4 78 89 09 80
http://lamcos.insa-lyon.fr – Courriel : lamcos@insa-lyon.fr

Tramway T1
Arrêt "Croix-Luizet"

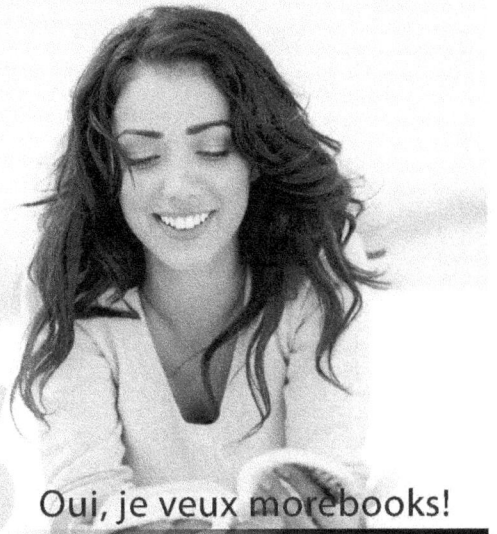

www.ingramcontent.com/pod-product-compliance
Lightning Source LLC
Chambersburg PA
CBHW021610210326
41599CB00010B/697